# 石榴产品加工与保藏技术

主　编：赵文亚　孙中贯
副主编：金　婷　崔旭海　毕海丹

中国商业出版社

**图书在版编目（CIP）数据**

石榴产品加工与保藏技术 / 赵文亚，孙中贯主编
. -- 北京：中国商业出版社，2022.12
ISBN 978-7-5208-2351-7

Ⅰ.①石… Ⅱ.①赵… ②孙… Ⅲ.①石榴—水果加工②石榴—贮藏 Ⅳ.① S665.4

中国版本图书馆 CIP 数据核字 (2022) 第 226755 号

责任编辑：王　静

中国商业出版社出版发行
（www.zgsycb.com 100053 北京广安门内报国寺 1 号）
总编室：010-63180647　编辑室：010-83114579
发行部：010-83120835/8286
新华书店经销
定州启航印刷有限公司印刷
*
787 毫米 ×1092 毫米　16 开　12.25 印张　217 千字
2022 年 12 月第 1 版　2023 年 5 月第 1 次印刷
定价：78.00 元
* * * *
（如有印装质量问题可更换）

# 前　　言

山东枣庄有着丰富的石榴资源，有着闻名遐迩的万亩“冠世榴园”，石榴是枣庄面向全国、走向世界的一张独具特色的名片。然而，对于石榴，研究还不够全面和深入，生产中一直存在一些技术难题。鲜食石榴的贮藏和加工技术一直是困扰枣庄石榴产业健康发展的瓶颈。如何有效减少石榴采后损失，提高石榴附加值已成亟待解决的重大问题。加强对石榴采后成熟、衰老的生物学基础研究，提高采后石榴贮运保鲜技术，提高石榴精深加工水平，增强石榴产品的品质及市场竞争力对保证石榴产业的持续健康发展具有重要意义。

山东省枣庄学院作为枣庄唯一的全日制本科高校，注重科研强校、服务活校，自2008年起组织专家团队围绕石榴项目展开研究，积极推进成果转化，造福于民，现已取得丰硕成果，赢得了政府、企业的充分肯定。枣庄学院食品与制药实验教学中心设有国家健康产业研究院石榴与健康研究所、山东省石榴精深加工工程技术研究中心、山东省石榴资源综合开发工程实验室、枣庄市石榴资源综合开发科技协同创新中心、枣庄市石榴资源综合开发工程实验室、石榴工程技术校级重点实验室。食品科学与工程专业先后设置了石榴果汁加工技术、石榴果酒果醋发酵工艺、石榴活性物质提取技术、石榴茶加工技术、石榴产品加工与保藏技术等课程。基于国内教育界对石榴加工和保藏技术涉猎较少的现状，枣庄学院组织相关教师编写了《石榴产品加工与保藏技术》这部教材，以弥补该领域的空白，也可为石榴加工与保藏提供有益的参考和指导，进而为中国石榴产业的科技创新提供技术支撑。

本书汇集了本领域的最新成果，在内容上突出系统性、新颖性和创新性。在编写过程中，笔者参考了国内外有关专家学者的论著，得到了山东枣庄学院第二届自编教材项目的资助，在此表示最衷心的感谢。

鉴于作者水平所限以及石榴加工与保藏技术研究领域发展迅猛，书中内容难免会有不足之处，恳请各位读者批评指正。

编者

2022年7月

# 目　录

# 绪　论

石榴（*Punica granatum*）为石榴科石榴属落叶果树，灌木或乔木，又名沃丹、安石榴、若榴、丹若、金罂、金庞、涂林、天浆等。石榴原产巴尔干半岛至伊朗及其邻近地区，西汉时由张骞从西域将石榴引入中国，至今已有2000多年的栽培历史。石榴树种具有抗旱耐贫瘠、抗盐碱性强等特点，适宜栽种范围较广，在pH值为4.5～8.2的土壤中均可种植，主要分布于温带和亚热带地区。我国是世界上石榴栽培面积和产量最大的国家，在南北多省市均有栽培石榴。我国有五个最有影响的石榴产区，即陕西（临潼）、山东（枣庄）、安徽（怀远）、四川（会理等攀西地区）和云南（蒙自等地区）。石榴成熟于中秋、国庆两大节日期间，是馈赠亲友的佳品。成熟的石榴果品颜色通常呈鲜红或粉红色，极易开裂，露出晶莹如宝石般的籽粒，酸甜多汁，回味无穷。石榴也常因其果品色彩鲜艳、果肉籽多饱满，被广泛用作喜庆水果，象征多子多福、子孙满堂。

石榴属于浆果，在我国有100多个栽培品种。古籍文献中就有对石榴的区分，如《本草纲目》将石榴分为酸和淡两种，《广群芳谱》将石榴分为甜、酸和苦三种，等等。目前，石榴多以石榴植株在栽培目的、果实成熟早晚、果皮颜色、果实风味和籽粒形状等方面的差异来分类，即按栽培目的可将石榴分为食用品种和观赏品种；按成熟果皮色泽可将石榴分为红皮类、青皮类、白皮类及紫皮类；按成熟后籽粒的风味分为甜石榴和酸石榴；按成熟后籽粒口感分为硬籽石榴和软籽石榴。

## 一、石榴的营养价值

石榴营养丰富，其果实各组成部分均含有多种人体所需要的营养成分。每百克石榴中所含营养成分如表0–1所示。石榴汁中含有丰富的有机酸、糖类、蛋白质、脂肪、维生素C和B族维生素以及钙、磷、钾等矿物质，其中维生素C的含量比苹果高1～2倍，对人体非常有益，特别是植物雌激素对女性更年期综合征、骨质疏松症等疾病的功效备受关注；石榴汁中含有17种游离氨基酸和17种水解氨基酸。石榴籽含有丰富的脂肪酸，主要有石榴酸、亚麻酸、亚油酸、油酸、棕榈酸、硬脂酸等。石榴籽脂肪中，饱和脂肪酸占4.43%，其余95.57%均为不饱和脂肪酸；新鲜的石榴果皮含有鞣质类成分，占 10.4% ～ 21.3%，还含有蜡、树脂、甘露醇、糖、树胶、菊粉、果胶、草酸钙、异槲皮苷等。

表 0-1　石榴的营养成分（每 100 g 中含量）

| 成分名称 | 含　量 | 成分名称 | 含　量 | 成分名称 | 含　量 |
|---|---|---|---|---|---|
| 可食部 /% | 57 | 维生素 $B_2$/mg | 0.03 | 镁 /mg | 16 |
| 水分 /g | 78.7 | 膳食纤维 /g | 4.9 | 锌 /mg | 0.19 |
| 灰分 /g | 0.6 | 维生素 E/mg | 4.91 | 铁 /mg | 0.2 |
| 脂肪 /g | 0.2 | 维生素 C/mg | 9 | 铜 /mg | 0.17 |
| 蛋白质 /g | 1.4 | 钾 /mg | 231 | 磷 /mg | 71 |
| 碳水化合物 /g | 18.7 | 钙 /mg | 16 | 锰 /mg | 0.17 |
| 维生素 $B_1$/μg | 0.05 | 钠 /mg | 0.9 | 能量 /kJ | 268 |

资料来源：杨月欣、中国疾病预防控制中心营养与健康所《中国食物成分表：标准版》（第 6 版 / 第一册）。

## 二、石榴的保健功能及药用价值

历代医学家及中医临床经验证明，石榴具有生津化食、抗胃酸过多、软化血管、止泻、解毒、降温等多种功能。所以，石榴是一种既具有食用价值，又有药用价值的水果。传统中医认为，石榴性温涩，味甘酸，无毒，润燥兼收敛之效，有生津化食、健脾益胃、降压止泻、驱除肠道寄生虫等保健疗效作用。而且石榴的根、叶、花、果实、果皮、种子均可入药。石榴果皮、石榴渣除有药用功能外，还有一定的抗氧化作用。其内含有多种化学成分，黄酮是其中一类较为重要的化合物。近年研究发现黄酮类化合物有很强的抗氧化效果，可延缓或防止食品发生氧化反应，能防止机体脂质过氧化反应。

### （一）抗菌作用

研究表明，石榴皮多酚成分在体外对鲍氏志贺菌、福氏志贺菌、宋内志贺菌、痢疾志贺菌等 4 种痢疾杆菌及金黄色葡萄球菌、溶血性链球菌、霍乱弧菌、痢疾杆菌、伤寒及副伤寒杆菌、变形杆菌、大肠杆菌、结核分枝杆菌等有明显的抑制作用；对堇氏毛癣菌、同心性毛癣菌等多种皮肤真菌也有不同程度的抑制作用。以上抗菌作用可能与其所含大量鞣质有关。胡伟等实验研究发现石榴皮对 H.pylori 甲硝唑耐药株及敏感株均有良好的抑菌效果。①

① 胡伟，代薇，杨宇梅，等．石榴皮对幽门螺杆菌的体外抑菌实验研究 [J]. 现代消化及介入诊疗，2006, 11(1): 6-8.

## （二）对心血管疾病的作用

石榴汁富含单宁，具有抗动脉粥样硬化的性质，有研究表明石榴汁中某些抗氧化剂有降低血压的作用。Aviram 等研究了高血压病人饮用石榴果汁（每天 50 mL，总的多酚化合物含量 1.5 mmol，连续 2 周）对其血压和血清血管紧张素转换酶活性的影响，结果显示血清血管紧张素转换酶活性下降了 36%，收缩压下降了 5%；而在离体条件下，同样剂量的石榴汁对血清血管紧张素转换酶活性有 31% 的抑制作用。① 以前的研究表明，血清血管紧张素转换酶活性降低时，血压不随之降低，从而能够缓解动脉粥样硬化。石榴汁之所以能对心血管疾病提供广泛的保护作用，是因为它对氧化胁迫和血清血管紧张肽转化酶活性有着抑制效应。此外石榴汁具有抑制巨噬海绵细胞的形成和动脉粥样硬化损害的发展的作用，而巨噬细胞胆固醇的积累和海绵细胞的形成是早期动脉粥样硬化的标志。Fuhrman 等阐述了石榴汁抑制巨噬细胞中胆固醇积累的可能机制，认为巨噬细胞中石榴汁对氧化型低密度脂蛋白降解和胆固醇生物合成的阻遏作用抑制了细胞胆固醇的积累和海绵细胞的形成。②Nigris 等的研究还表明，石榴汁通过提高人的冠状内皮 - 氧化氮合成酶Ⅲ的生物活力，对冠心病和动脉粥样硬化等产生抑制效应。③

## （三）抗氧化作用

石榴汁含有丰富的抗氧化剂，如可溶性多酚化合物、单宁、花色素苷等，具有抗动脉粥样硬化的特性。在新鲜石榴果汁中鉴定出的酚类化合物包括没食子酸、原儿茶酸、绿原酸、咖啡酸、阿魏酸、香豆酸、p- 香豆酸、儿茶酸、根皮苷、栎皮酮等。Poyrazoglu 等研究了石榴花的乙醇提取物，结果表明其具有有效的抗氧化活性和对肝的保护特性。④Halvorsen 等研究了主要水果的抗氧化剂总

---

① AVIRAM M, DORNFELD L . Pomegranate juice consumption inhibits serum angiotensin converting enzyme activity and reduces systolic blood[J]. Atherosclerosis, 2001, 158(1): 195–198.

② FUHRMAN B, VOLKOVA N, AVIRAM M . Pomegranate juice inhibits oxidized LDL uptake and cholesterol biosynthesis in macrophages[J]. The Journal of Nutritional Blochemistry, 2005, 16(9): 570–576.

③ NIGRIS F D, WILLIAMS–LGNARRO S, BOTTI C, et al. Pomegranate juice reduces oxidized low–density lipoprotein down–regulation of endothelial nitric oxide synthase in human coronary endothelial cells[J]. Nitric Oxide, 2006, 15(3): 259–263.

④ POYRAZOGLU E, GOKMEN V, ARTUK N. Organic acids and phenolic compounds in pomegranate (Punica granatum L.) grownin turkey[J]. Journal of Food Composition and Analysis, 2002, 15(5): 567–575.

含量，发现石榴是所测定水果中抗氧化剂含量最高的，其含量是柠檬的 11 倍，苹果的 39 倍，西瓜的 283 倍。①

### （四）对癌症的作用

Kawaii 研究表明，石榴果实提取物能引起白血病细胞的分化，而白血病细胞的分化能使癌细胞转换回正常非癌细胞。②这一发现提供了一个无毒副作用的癌症疗法。在这以前 Lansky 已经完善了提取和发酵不同石榴组分的方法，并证明它们有抗扩散、抗侵染、抗类花生酸及对乳腺与前列腺细胞的细胞凋亡的作用和在离体与活体条件下的抗生血管活力。Lansky 还检测了新鲜果汁和发酵石榴汁组分对人白血病细胞的作用，结果表明石榴果皮提取物和发酵果汁具有最显著的效果，而新鲜果汁仅有微弱的效果。

### （五）对糖尿病的作用

石榴抗糖尿病的作用与其提高氧化胁迫和缓解动脉粥样硬化有关。Rosenblat 等对糖尿病人服用石榴汁（含有糖分和有效的抗氧化剂）后血清和巨噬细胞中的血糖参数和氧化胁迫的效应进行了研究，结果表明饮用石榴汁并不会影响糖尿病人的血糖参数，但是会明显地导致血清和巨噬细胞中的抗氧化效应，从而缓解了这些病人的动脉粥样硬化。③体外和体内实验均证实石榴汁、石榴皮、石榴花、石榴籽和石榴叶等具有抗糖尿病的功效。石榴中的多酚类是抗糖尿病的主要活性物质，主要通过提高胰岛素受体敏感性、增强过氧化酶体增殖物激活受体 $\gamma$ 抗体（Peroxisome Proliferator-Activated Receptor-$\gamma$，PPAR-$\gamma$）的表达、抑制 $\alpha$-葡萄糖苷酶活性等作用达到抗糖尿病的功效

### （六）其他作用

胎儿在母亲子宫内成长期间以及出生后不久的一段时间内，如果脑部供血供氧不太充足，就有可能出现脑组织损伤和大脑性麻痹这样的脑部突发疾病。美国

---

① HALVORSEN B L, HOLTE K, MYHRSTAD M C W, et al. A systematic screening of total antioxidants in dietary plants[J]. Journal of Nutrition, 2002(132): 461−471.

② KAWAII S, LANSKY E P. Differentiation−promoting activity of pomegranate (Punica granatum) fruit extracts in HL−60 human promyelocytic leukemia cells[J]. Journal of Medicinal Food, 2004, 7(1): 13−18.

③ ROSENBLAT M, HAYEK T, AVIRAM M. Anti−oxidative effects of pomegranate juice (PJ) consumption by diabetic patients on serum and on macrophages[J]. Atherosclerosis, 2006, 187 (2): 363−371.

华盛顿大学医学院的研究者在实验中发现，让怀孕母鼠喝掺有浓缩石榴汁的水，生下的小鼠患脑组织损伤的概率低了60%。石榴汁里含有丰富的多酚化合物，具有抗衰老、保护神经系统和稳定情绪的作用。Aslam 等认为石榴各组分都有利于皮肤的修复，其水性提取物（特别是石榴果皮提取物）能促进皮层的再生，而石榴种籽油也能促进表皮的再生。①

## 三、我国石榴产业现状

### （一）我国石榴加工现状

石榴以其独特的风味与营养和高观赏价值跻身于我国重要的特色经济林树种，目前我国石榴生产已从零星分散向大规模商品化生产基地发展，鲜食、加工与观赏相结合的生产格局已初步形成。根据对石榴加工程度不同可以将各地的石榴生产划分为三个层次：一是产地初加工，即以石榴某一器官或部位为原料进行初步的简单加工，如石榴汁、石榴茶的加工等，其中代表性的有山东枣庄石榴茶、陕西临潼石榴果汁等；二是产地深加工，是对初加工的产品或副产品进行进一步的加工处理，如石榴酒、石榴醋、石榴籽油等，其中代表性的有新疆和田石榴酒等；三是高附加值精深加工，是对石榴的原料进行精深加工，如从石榴果实、皮渣或石榴籽中提取、纯化高活性的功能成分或中间体制成化妆品、药品和保健食品等，从而显著提高其产品附加值。

石榴的综合利用和深度开发能够大力推动我国石榴产业的规模化发展，所以应当因地制宜地加大对石榴高附加值产品的研制与开发力度。从目前发展情况来看，我国对石榴资源的开发利用还远远不够。要充分发挥我国石榴资源优势，对其进行有效的利用和开发，实现果农增收、企业增效和产业升级，从而有效推动我国石榴产业发展，使之成为富民工程和品牌农业，就应该重点做好以下几个方面的工作：产前，开展石榴种质资源、新品种培育工作，大幅度提高优质品种生产比例；产中，集成、示范、推广优质石榴高效省力栽培技术，不断提高石榴产量与质量；产后，突破鲜食石榴采后贮运和精深加工关键技术，大力研发相关新技术及新设备，优化生产工艺，提高石榴采后保鲜和加工技术水平，提高其产品附加值和市场竞争力，满足人们日益增长的物质需求。总之，只有不断自主创

---

① ASLAM M N, LANSKY E P, VARANI J. Pomegranale as a cosmeceutical source: pomegranate fractions promote proliferation and procollagen synthesis and inhibit matrix metalloproteinase-1 production in human skin cells[J]. Journal of Ethnopharmacology, 2006, 103(3): 311-318.

新，不断增加和提高石榴加工高新产品数量和质量，不断提高采后石榴贮运保鲜和精深加工水平，不断提高石榴产品品质及市场竞争力，才能促进石榴产业健康快速发展。

### （二）石榴贮藏保鲜技术现状

石榴因其营养丰富、药用价值高、保健功能强，越来越受到人们的重视，产业得到迅猛发展。然而，石榴在采后易出现果皮褐变、失水皱缩、籽粒色变、异味、腐烂等问题，从而影响鲜果货架期品质，因此，贮藏保鲜是影响石榴产业发展的重要环节。鲜食石榴的贮藏保鲜技术一直是困扰石榴产业健康发展的瓶颈。传统的石榴贮藏保鲜方法有堆藏、挂藏、袋藏、罐藏和井窖贮藏等，此类方法简便易行，但其总体贮藏保鲜效果有限。近年来，国内外不少学者对采后石榴果实的褐变、腐烂、病害和冷害等的发生机制进行了一系列的研究，探索了二氧化硫熏蒸、茉莉酸甲酯处理和水杨酸甲酯处理石榴等保鲜技术手段，在此基础上研究开发了气调贮藏、涂膜保鲜和物理化学复合保鲜技术等，这些方法在一定程度上显著提高了石榴鲜果贮藏保鲜的效果。但由于我国果蔬产业发展的不均衡性，在鲜食石榴采后贮藏保鲜生物学基础研究以及长时间、远距离物流运输和低能耗贮藏保鲜技术等方面的发展还相对滞后，当前石榴贮运保鲜所面临的主要问题是对与石榴品质相关的成熟、衰老的关键基础理论缺乏深层次的认识，这极大限制了石榴保鲜和减损的关键新技术的研发。因此，如何有效减少石榴采后损失已成为我国鲜食石榴产业亟待解决的重大问题之一，加强对石榴采后成熟衰老的生物学基础的研究、对生鲜石榴品质劣变和腐烂发生的机理及对外源因子的生理应答机制的研究，在真正意义上为石榴贮藏保鲜技术的研发和革新提供理论指导，对保证石榴产业持续健康发展具有重要意义。

从目前的石榴分布来看，我国石榴主产地多相对较偏远地区。以新疆为例，从新疆将新鲜石榴运输到人口相对集中的中部或东部经济发达地区所需的运输距离长达上千千米，且由于石榴采后季节和气候等因素，运输中温度等外界条件的变化会直接影响石榴的内在品质。而我国低温物流产业起步较晚，现行的物流配送技术体系远不能满足特色石榴产业发展需求，目前大部分石榴在长途运输中仍处于常温状态，在运输途中震动造成的机械损伤和高温密闭环境引起的果实生理伤害等会严重影响石榴的贮藏效果。此外，由于缺乏针对鲜食石榴采后物流配送的标准规程和资金、技术等保障，鲜食石榴采后物流配送体系还不完善。因此，全程的冷链物流、规范的贮运规程以及充足的资金保障和稳固的政策支持是石榴贮运亟待解决的瓶颈问题。

## 四、石榴加工与保藏的发展方向

从石榴的产业现状来看，我国在石榴采后保鲜和加工领域有着巨大的市场潜力，提高贮运保鲜与加工技术水平不仅可以给石榴产业带来高额的附加值，还可以为社会带来可观的经济效益和社会效益。

### （一）科技创新是实现我国石榴加工和保藏产业技术升级的有力保障

近年来，虽然我国在农产品贮藏保鲜和精深加工等方面取得了长足进步，但是我国特色果蔬产业长期以来较为重视采前栽培和病虫害防治管理等工作，而相对忽视了采后贮运保鲜和精深加工等技术的研发，再加上生产和加工标准与规范相对缺乏，所以我国石榴产业存在鲜果腐烂率较高、精品率较差和高附加值石榴产品的市场占有率较低等现状。在石榴等特色果蔬采后处理过程中尚未完全解决产地分选、分级、贮藏保鲜及冷藏运输等整套技术问题，致使石榴在采后流通过程中损失严重。因此，科技创新不但能减少石榴资源损失，提高产品附加值，而且可从根本上解决石榴资源的高效、综合利用问题，进而实现我国石榴贮藏保鲜和加工技术升级。

#### 1.突破鲜食石榴贮藏保鲜关键技术

相对落后的石榴贮藏保鲜技术已明显制约了石榴产业的发展，只有加快技术研发，快速突破一大批制约鲜食石榴贮藏保鲜的关键技术方可带动产业高效健康发展。因此，在石榴贮藏保鲜方面，可针对我国石榴种质资源现状，对其采后生物学基础进行研究，借此探明石榴采后贮藏保鲜相关机制；与此同时，在产地分级等方面可以通过集成目前在农产品贮运和加工中得到广泛应用的计算机视觉处理技术、光学检验或数字图像处理技术等，解决石榴产地高效、精准分级问题；在高效贮藏保鲜等方面可以通过整合物理贮藏（低温、气调、真空包装、无菌包装、单果塑膜密封等）、化学保鲜（激素类处理、复合涂膜处理等）和生物保鲜（接抗菌、菌相控制等）等复合保鲜处理技术，使之协同作用，快速突破这些关键技术，进而带动石榴产业稳步发展。

#### 2.搭建现代化石榴冷链物流配送体系

农产品物流的现代化、信息化、智能化和低碳化技术研究开发，全产业链品质过程控制关键技术开发是推动现代农产品采后减损增效的关键，利用快速预冷和节能冷藏技术已成为生鲜农产品物流配送的主流方案。因此，在鲜食石榴物流配送方面，冷藏车、冷藏集装箱、冷藏货架等完善的冷链系统已经成为未来石榴贮运的方向。相比传统的运输系统，这些高新技术可最大限度地减少石榴采后运输的机械损伤，尽可能大地抑制其呼吸作用，进而有效解决石榴远距离运输会出现的腐败变质问题。石榴冷链物流配送体系的构建不仅可以延长石榴的货架期，还可以显著保持采后石榴的品质。因此，搭建现代化的石榴冷链物流配送体系是实现鲜食石榴远距离运输和长时间贮藏的根本途径。

3. 提升我国石榴现代加工与绿色制造技术

我国石榴加工业起步较晚、规模较小、加工工艺较落后及装备水平较低等问题制约了行业的整体快速发展。例如，在石榴汁的加工过程中易发生褐变、清汁过滤后易产生后浑浊现象、存在过度加工造成营养损耗以及在浓缩过程中存在芳香物质易逸散等问题一直是困扰大多数企业的技术难题。

基于此，研究石榴加工高新技术，促进产业升级发展迫在眉睫。在新产品研发方面，可借助现代食品加工新技术和新手段，大力发展方便休闲食品，如将石榴制成日常生活食品如蛋糕、沙拉等或用作炒菜的作料；可综合利用石榴的叶、汁、籽、皮资源，开发新型石榴混合营养饮料，如茶、果汁、果酒、果醋等，不断丰富石榴制品市场。在精深加工方面，可大力开发石榴资源中功能成分的提取及分离技术，集成石榴汁高效绿色浓缩、减损存储技术以及石榴多酚、石榴精油的冷榨提取和分离技术，将石榴制成保健食品、美容护肤品和药品等，即通过新产品创制和关键技术的升级换代，不断提高相关生产企业的经济效益和产品的市场竞争力。总之，只有加快现代石榴加工和绿色制造技术的发展，加速技术创新步伐，才能促使我国石榴产业快速步入更好更快的高速发展轨道。

### （二）标准化、规范化是石榴产业健康可持续发展的根本之路

规范化、标准化是农业产业化经营和农产品进入现代化经营的关键，是食品工业产业化生产的客观需要，也是现代农产品质量安全的基本保证。即需要在石榴主产区和加工企业确定一些通用的生产操作规程，通过各种形式的标准化宣传、培训，不断普及和推广石榴的无公害、绿色、有机生产等标准化技术，以满足当前快速发展的石榴市场的需要和人们日益增长的消费需求。

总之，只有通过突破现代食品生鲜物流和绿色制造关键技术，集成石榴复合保鲜及精深加工核心技术，通过延长特色石榴产业链，不断提升高端石榴加工产品的市场竞争力，才能实现石榴产业综合效益的全面提高，快速推进我国特色石榴产业健康高效发展。

# 第一章　石榴的化学成分及在加工贮藏中的变化

石榴是由许多化学物质构成的，这些化学物质使石榴形成了特有的色、香、味。同时，石榴所含的维生素和矿物质是人体维持正常生理机能、保持健康不可缺少的物质，又使石榴具有了营养功能。各种化学物质在石榴加工和贮藏的过程中都会发生质和量的变化。

## 一、水分

水分是石榴的主要成分，含量为 70% ～ 79%。水分的存在是石榴完成全部生命活动过程的必要条件。水分是影响石榴新鲜度、脆度和口感的重要成分，与石榴的风味品质也密切相关。同时，水分通过维持石榴的膨胀力或刚性，赋予其饱满、新鲜而富有光泽的外观。但水分含量高可以为微生物和酶的活动创造有利条件，是石榴贮存性差、容易腐烂变质的重要原因之一。石榴采收后，在贮运过程中容易蒸发失水而萎蔫、失重和失鲜。所以，进行石榴贮藏时，必须考虑到水分的存在和影响，加以必要的控制。

## 二、碳水化合物

碳水化合物又称为糖类，包括单糖、双糖和多糖。单糖和双糖组成果实中的可溶性糖，是石榴的主要甜味物质，直接影响果实的风味、口感和营养水平。石榴未成熟时蔗糖较多，到成熟时转化糖增多，总含糖量为 11% ～ 16.8%。多糖主要包括纤维素、半纤维素、果胶、淀粉等大分子物质，多数不溶于水。石榴在充分成熟时含糖量达到最高值，可以此确定石榴的采收期。贮藏过程中，糖分会因呼吸消耗不断减少。贮藏条件越恶劣，糖分消耗越快，石榴果实的品质越差。反之，贮藏条件越适宜，糖分减少越慢，果实品质越好。

## 三、有机酸

石榴的酸味主要来源于有机酸。石榴含柠檬酸、苹果酸等，酸味因品种和果实的成熟度而不同，一般含量为 0.4% ～ 1.0%，平均为 0.77%。果实甜味的强弱除了取决于糖的种类和含量外，还与含糖量与含酸量的比例（糖酸比）有关，糖酸比值越高，甜度越大；比值适宜，则酸度适度。未成熟的果实有机酸较多，随着成熟度的提高，含酸量逐渐减少。在贮藏过程中酸的消耗更快，经长时间贮藏后，石榴的酸味会变淡，甚至消失。为保持石榴的品质和风味，要创造适宜的贮藏条件，延缓酸的分解速度。

## 四、维生素

果品在提供人类所需的维生素方面起了重要的作用。石榴中含有多种维生素，如维生素 $B_1$、维生素 $B_2$ 和维生素 C，人体如果缺乏这些维生素，就会患上多种疾病，其中需要量最多的是维生素 C，它对维持人体各组织的正常功能、抵抗疾病、促进伤口愈合等起着重要作用。维生素 C 易溶于水，很不稳定，易氧化，见光、受热易分解，在酸性条件下比在碱性条件下稳定。由于石榴中含有促使维生素 C 氧化的酶，所以在贮藏过程中维生素 C 会逐渐被氧化而减少。减少的快慢与贮藏条件有很大的关系，一般在低温低氧中贮藏的石榴，其维生素 C 的损失可以得到延缓。

## 五、矿物质

矿物质是人体结构的重要组分，又是维持体液渗透压和 pH 值不可缺少的物质，同时许多矿物质还直接或间接地参与体内的生化反应。石榴是矿物质重要的来源，主要为钾、磷、钙。矿物质元素对果品的品质有重要影响，必需元素的缺乏会导致石榴品质变差，甚至影响其采后贮藏效果，而微量元素是控制采后果品代谢活性的酶辅基的组分，因而会影响石榴品质的变化。

## 六、色素

石榴果实的色泽是人们通过感官评价其质量的一个重要指标，能够在一定程度上反映果实的新鲜程度、成熟度和品质的变化。因此，色泽及其变化是评价石榴品质和判断石榴成熟度的重要外观指标。随着生长发育阶段和环境条件的变化，石榴的颜色也会发生变化。未成熟的石榴果皮细胞含有叶绿素，呈现绿色，果肉因叶绿素含量少，为白色；进入成熟期后，叶绿素逐渐消失，花青素增多，石榴呈现鲜红的颜色。

## 七、单宁

石榴果皮中含有一定量的单宁，即多酚类化合物，以儿茶酚和无色花青素为主。单宁具有涩味，引起涩味的机制是味觉细胞的蛋白质遇到单宁后凝固而产生的一种收敛感。单宁有水溶性和不溶性两种形式，水溶性单宁是有涩味的，未成熟果实中含水溶性单宁较多，会降低甜味，并引起涩味；随着果实的成熟，果皮中的可溶性单宁逐渐变成不溶性单宁，涩味消失。单宁与糖和酸以适当的比例配合，能表现良好的风味。

## 八、果胶物质

果胶物质以原果胶、果胶和果胶酸三种形式存在于果实组织中。原果胶多存在于未成熟果实的细胞壁的中胶层，不溶于水，常和纤维素结合，使细胞彼此黏结，果实呈脆硬的质地。随着果实的成熟，在原果胶酶作用下，原果胶分解为果胶，果胶溶于水，黏接度降低，使细胞间的结合力松弛，果实质地变软。成熟的果实向过熟期变化时，在果胶酶的作用下，果胶转变为果胶酸，失去黏接性，使果实呈软烂状态。

## 九、香味物质

石榴的香味来源于各种不同的芳香物质，是决定石榴品质的重要因素之一。芳香物质是成分繁多而含量极微的油状挥发性混合物，其中包括醇、酯、酸、酮、烷、烯、萜等有机物质。石榴幼嫩的时候，芳香物质的量比较少；到成熟时芳香物质大量产生，使石榴具有特有的香味。石榴贮藏后，所含的芳香物质会由于挥发和酶的分解而减少。如果贮藏库房温度过高，芳香物质损失得更快。利用冷藏可减少香味的损失。

## 十、纤维素

纤维素是植物细胞壁的主要组成成分，是骨架物质，起支撑作用。石榴中粗纤维含量约为 2.7%。纤维素在皮层特别发达，与木质素、栓质、角质、果胶物质等形成复合纤维素，对石榴有保护作用，对石榴的品质和贮藏有重要意义。

## 十一、蛋白质

石榴果实中蛋白质的含量不高，主要是催化各种代谢反应的酶类，所以蛋白质在石榴贮藏过程中起着非常重要的作用。

## 十二、油脂

石榴可食部分含油脂较少，含量为 0.6% ～ 1.6%，石榴籽中含油脂较高。

## 十三、酶

酶是由生物活细胞产生的具有催化功能的有机物，大部分为蛋白质。石榴组织细胞中含有各种各样的酶，结构十分复杂，溶解在细胞汁液中。石榴所进行的所有生物化学作用都是在酶的参与下进行的。

### （一）氧化还原酶

抗坏血酸氧化酶（又称为抗坏血酸酶）。此酶存在时，可使 L– 抗坏血酸氧化，变为 D– 抗坏血酸。与维生素 C 的消长有很大关系。

过氧化氢酶和过氧化物酶。过氧化氢酶可催化过氧化氢分解生成氧气和水，可防止组织中的过氧化氢积累到有毒的程度。过氧化氢酶是过氧化物酶体的标志酶，约占过氧化物酶体酶总量的 40%。在成熟时期，随着石榴氧化活性的升高，这两种酶的活性都有显著升高。

多酚氧化酶。石榴中含有丰富的酚类物质，在多酚氧化酶的催化作用下，容易发生褐变现象。在氧气存在的条件下，此酶将酚类物质氧化成醌，醌再氧化聚合，形成黑色物质。

### （二）果胶酶

石榴果实在成熟的过程中，质地变化最为明显，果胶酶对此起着重要作用。果实成熟时硬度降低，与多聚半乳糖醛酸酶和果胶酯酶的活性的升高呈正相关。

### （三）纤维素酶

石榴果实在成熟时纤维素酶促使纤维素水解引起细胞壁软化。在未成熟的石榴果实中，纤维素酶的活性很高，随着果实增大，其活性逐渐降低；而当果实处于从绿色转变到红色的成熟阶段时，纤维素酶活性几乎升高两倍。相反，多聚半乳糖醛酸酶活性则从果实成熟到过熟都在升高，纤维素酶活性则维持不变。

# 第二章　石榴产品加工技术

## 第一节　石榴果汁的制作

石榴果汁是以优质的石榴为原料，通过压榨的方法制取的汁液。石榴果汁有澄清汁、浑浊汁、浓缩汁等。

石榴果汁的工艺流程如图 2-1 所示。

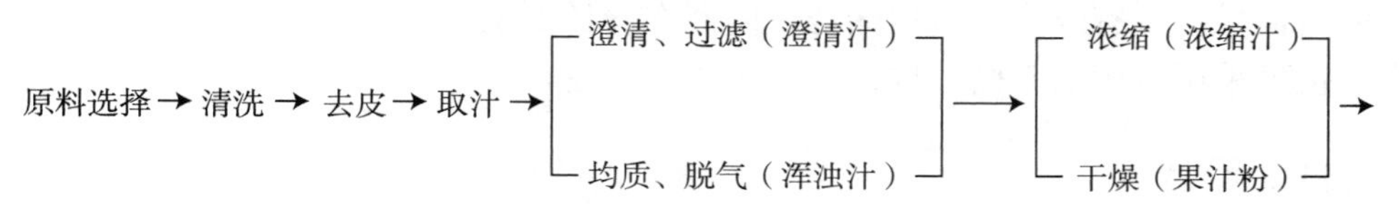


图 2-1　石榴果汁的工艺流程

### 一、原料的选择

生产石榴果汁应选用新鲜良好的石榴，恰好成熟，风味良好，酸度适中。为了保证果汁的质量，必须对原料进行挑选，筛去霉烂果、受伤果、变质果和未成熟的果实。

### 二、清洗

原料的清洗十分重要。石榴在生长、成熟和贮运过程中会受到外界环境的污染，表面存在着大量的微生物、残留的农药、黏附的泥土等，必须清洗以尽可能地减少这些污染物的残留。洗涤方法和机械设备种类繁多，但所采用的手段多为刷洗、鼓风、浸泡、喷洗和摩擦搅拌等。有代表性的清洗设备有鼓风式清洗机、桨叶式清洗机、刷洗机和刷果机。

石榴清洗的方法可分为手工清洗和机械清洗两大类。手工清洗简单易行，设备投资少，但劳动强度大，不能连续化作业且效率低；机械清洗是目前普遍采用的方法并多数能实现连续化操作，整个清洗过程包括流水输送、浸泡、刷洗、高压喷淋 4 道工序。

流水输送：在流水槽中进行，流水槽可以是明的，也可以是暗的，石榴倒入槽中通过水流压力向前输送，同时得到初步冲洗。

浸泡：通过提升机把石榴提升至一个水槽，进行短暂的浸泡。

刷洗：石榴被输送到一个带有多个毛刷滚轮的清洗机上，通过毛刷滚轮一边向前输送石榴，一边对石榴进行刷洗、冲洗。

高压喷淋：石榴经过毛刷之后，需要经过一道高压喷淋，以保证果品的清洁卫生。

## 三、去皮

石榴有厚厚的果皮，果皮和果实内皮中含有大量的单宁物质，若混入果汁，会使石榴果汁带有强烈的苦涩味道，因此在榨汁之前要将皮去掉。可采用手工去皮，也可采用专用的石榴去皮机对石榴进行去皮。

## 四、取汁

取汁是石榴汁生产的关键环节。多采用压榨法取汁，即利用外部的机械挤压力，将果汁从果实中挤出而取得果汁，这是果汁饮料生产中广泛应用的一种取汁方式。常用的设备有螺旋榨汁机和气囊榨汁机。

### （一）螺旋榨汁机

螺旋榨汁机在我国广泛应用，结构简单，外形小，故障少，生产效率高，操作方便。该机的不足是榨汁的同时会使石榴籽破碎，石榴籽中的物质进入果汁中，会给果汁带来苦涩的味道，严重影响果汁的口感。

螺旋榨汁机主要由压榨螺杆、料斗、圆筒筛、离合手柄、传动装置、汁液收集斗及机架组成。螺旋榨汁机主要工作部件为压榨螺杆，采用不锈钢材料铸造，经精加工而成。工作时，物料经入口进入，通过压榨螺杆的旋转向前移动。在这个过程中，压榨螺杆的直径沿废渣排除方向从始端向终端逐渐增大，螺距逐渐减小，因此压榨螺杆与圆筒筛相配合的容积也越来越小，果实所受的压力越来越大，压缩比可达 1 ∶ 20。最后，果汁通过圆筒筛的孔眼流出，残渣经出料口排出。圆筒筛常由两个半圆筛合成，外加两个半圆形加强骨架，通过螺栓紧固成一体。压榨螺杆终端呈锥形，与调压头内锥形相对应。废渣从两者锥形部分的环状空隙中排出。调整空隙大小，即可改变出汁率。

### （二）气囊榨汁机

气囊榨汁机由一个以滤布为衬里的圆筒筛和置于筒中的一个橡皮气囊等组成，如图 2–2 所示。工作时把待压榨的物料装入筒内，往橡皮气囊充入压缩空气使其涨起，给夹在气囊和圆筒之间的物料施加压力，将汁液榨出。橡皮气囊充气的最大压力可达 0.6 MPa。利用该榨汁机压榨石榴汁，可以保持石榴籽的完好，避免石榴籽中的苦涩物质给石榴果汁品质带来不利影响。

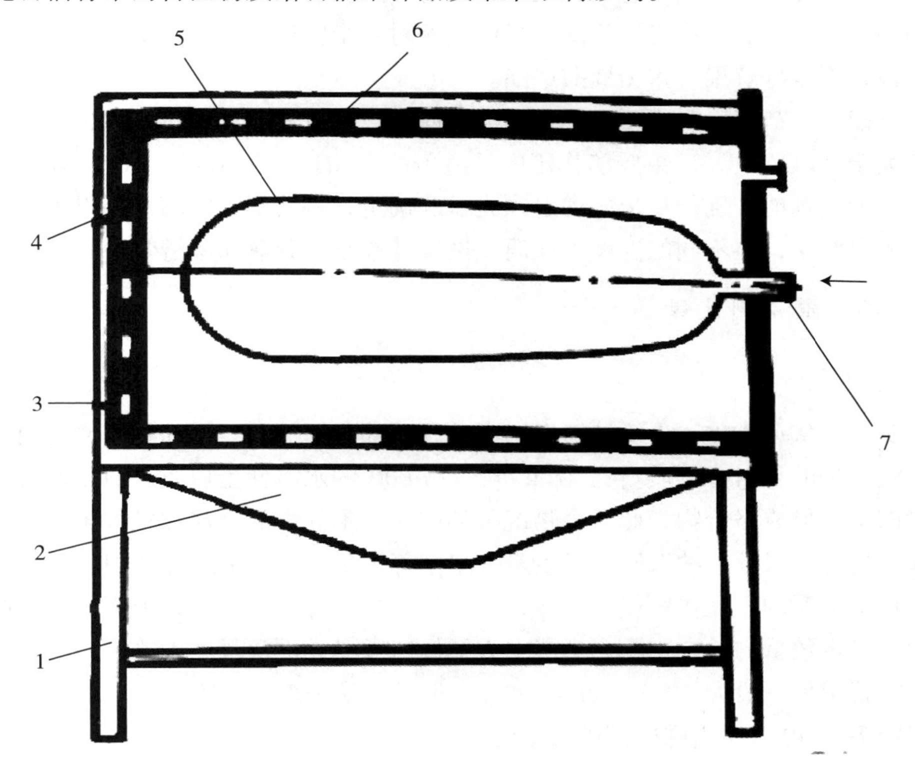


1—机架；2—收集斗；3—圆筒筛；4—过滤布；5—橡皮气囊；6—外壳；7—压缩空气入口。

图 2–2　气囊榨汁机

## 五、澄清

石榴果汁为复杂的分散相系统，含有细小的果肉颗粒、胶体或分子状态及离子状态的溶解物质，这些粒子是石榴果汁浑浊的原因，会影响到产品的稳定性，必须去除。

### （一）酶法澄清

果胶是果汁中主要的胶体物质，果胶酶可将其水解成水溶性的半乳糖醛酸。果汁中的悬浮颗粒一旦失去果胶胶体的保护，就很易沉淀。

果胶酶是指分解果胶的一类酶的总称，主要包括多聚半乳糖醛酸酶、果胶分解酶和果胶酯酶，是由黑曲霉经发酵精制而得，为浅黄色粉末。工业生产的果胶酶制剂是多种酶的复合体。根据对果胶作用方式的不同，果胶酶被分为两类，一类能催化果胶解聚，另一类能催化果胶分子中的甲酯水解。果胶裂解酶只能裂解与甲酯基相邻的糖苷键，它以随机方式裂解高酯化度的果胶，切断聚半乳糖分子间的糖苷键，使其黏度迅速下降。果胶酯酶对聚半乳糖醛酸中的甲酯具有高度的专一性，不能分解聚甘露糖醛酸甲酯。

石榴汁生产用酶制剂要求其多聚半乳糖醛酸活性大于 40 000 U/g，果胶酯酶活性大于 75 U/g。一般果胶酶作用的最适条件为 pH 值 在 4.5 ～ 5.0，温度 50 ℃左右。酶制剂的准确用量最好通过预先试验确定，将溶解后的酶制剂以不同的浓度加入果汁中，在不同的温度下保温，试验其果胶的分解和澄清效果。

### （二）澄清剂处理

1. 明胶

明胶是从动物皮、骨等结缔组织中的胶原部分提取的，是动物胶原蛋白经部分水解衍生的相对分子质量为 10 000 ～ 70 000 的水溶性蛋白质。明胶能够与果汁中的单宁形成络合物，此络合物沉降的同时，果汁中的悬浮颗粒被缠绕而随之沉降。另外，果汁中的果胶、维生素、单宁等带负电荷，酸性介质中明胶带正电荷，正负电荷的相互作用促使胶体物质不稳定而沉降，果汁得以澄清。果汁中本就含有一定数量的单宁物质，生产中为了加速澄清，也常再加入单宁。

明胶用量一般为 10 ～ 200 g/100 L，明胶溶液浓度一般为 5% ～ 10%，通常把明胶溶于 40 ℃ 水中制成明胶溶液。

2. 皂土法

皂土也称膨润土，其主要成分为蒙脱石。在果汁的酸碱度范围内，它呈负电荷，可以通过吸附作用和离子交换作用去除果汁中多余的蛋白质，防止过量明胶引起浑浊，还可以去除酶类、鞣质、残留农药、生物胺、气味物质和滋味物质等。皂土添加量为 30 ～ 150 g/100 L，通常与明胶、硅溶胶结合使用，以硅溶胶（30% 溶液，25 ～ 50 mL/100 L）—明胶（5 ～ 10 g/100 L）—皂土（50 ～ 100 g/100 L）

顺序添加为佳。使用前应用水使皂土充分溶胀几小时，形成悬浮液。

使用皂土的缺点是其会使果汁中金属离子增加，能吸附色素和具有脱酸作用。另外，如果皂土使用过量，会给以后的过滤工作带来困难。

3. 硅溶胶

硅溶胶是为纳米级的二氧化硅颗粒在水中或溶剂中的分散液，粒子尺寸为10 ～ 20 nm，具有很大的比表面积。它可吸附果汁中的蛋白质。硅溶胶与蛋白质在可溶性溶液中形成浅色的凝乳状絮凝物。生产厂家供应的硅溶胶是液态悬浮液，含 30% 的固形物。硅溶胶去除果汁中的蛋白质的效果最好，但二氧化硅的粒子太小，难以除去，所以一般为少量的明胶和硅溶胶同时使用。硅溶胶按其生产工艺的不同，有几种不同的应用特性，碱性硅溶胶在 pH=9 左右形成稳定的钠盐，酸性硅溶胶在 pH=4 左右稳定，若加入果汁中则其将带有更多的负电荷，这会使絮凝与澄清作用更有效。对于酸度高的果汁，需要硅溶胶与明胶或其他澄清剂组合来澄清。

4. 活性炭

活性炭是以优质木材和特种木屑为原料，经炭化、活化及多道工序精制加工而成的粉末状多孔性的含炭物质，具有比表面积大、吸附性能强、杂质离子少等特点，是一种优良的吸附剂。其吸附作用是通过物理性吸附与化学性吸附脱除果汁中的果胶、蛋白质及色素物质。活性炭吸附基本上不具有选择性，使用后回收困难，对环境有一定污染。

5. 聚乙烯吡咯烷酮

聚乙烯吡咯烷酮是纯的乙烯基吡咯烷酮的交联聚合物，为具有吸湿性的易流动的白色粉末，微臭，不溶于水和乙醇、乙醚等常用的溶剂，絮凝较完全，易于从果汁中过滤除去。聚乙烯吡咯烷酮具有较强的络合沉淀能力，可通过羰基与黄酮类、花色苷等多酚类物质形成氢键络合物。因此，聚乙烯吡咯烷酮被视为酚类物质的特效吸附剂，但是价格比其他澄清剂高很多。

6. 壳聚糖

壳聚糖是甲壳素水解脱去 N- 乙酰基得到的一种线性高分子碳水化合物，化学名称为聚葡萄糖胺（1-4）-2- 氨基 -β-D- 葡萄糖。壳聚糖分子中含有活性基团——氨基和羟基，其氮原子上还有一对未结合的电子，使其呈弱碱性。在弱酸性溶液中，壳聚糖的氨基与 H+ 结合，形成带正电荷的聚电解质，与果汁中带负电荷的阴离子电解物质（果胶、可溶性淀粉、蛋白质、微小颗粒）作用，正负电荷相互吸引，结合成絮状物而沉淀。

### （三）联合澄清法

目前，大部分企业在制造果汁饮料时都采用酶—明胶澄清处理工艺。新鲜的压榨汁采用离心或直接用酶制剂处理 30 ～ 60 min，之后加入必需数量的明胶溶液，静置 1 ～ 2 h 或更长，接着用皂土处理或硅藻土过滤。

### （四）超滤澄清法

实际上超滤澄清法是一种机械分离的方法，即利用超滤膜的选择性筛分作用，在压力驱动下把溶液中的微粒、悬浮物质、胶体和大分子与溶剂和小分子分开。其优点是无相变，挥发性芳香成分损失少，在密闭管道中进行不受氧气的影响，能实现自动化生产。

### （五）其他澄清法

1. 加热澄清法

将果汁在 80 ～ 90 s 内加热至 80 ℃～ 82 ℃，然后急速冷却至室温，由于温度的剧变，果汁中的蛋白质和其他胶质变性凝固析出，从而达到澄清。但一般不能完全澄清，且加热会导致一部分芳香物质损失。

2. 冷冻澄清法

将果汁急速冷冻，一部分胶体溶液完全或部分被破坏而变成不定形的沉淀，此沉淀可在解冻后滤去。要通过此法达到完全澄清也不容易。

## 六、过滤

为了得到澄清透明且稳定的果汁，澄清之后的果汁必须经过过滤，目的在于除去细小的悬浮物质。设备有袋滤器、纤维过滤器、板框压滤机、真空过滤器、离心分离机等，滤材有帆布、不锈钢或尼龙布、纤维、棉、木浆、硅藻土等。过滤速度受到过滤器滤孔大小、施加压力、果汁黏度、悬浮颗粒密度和大小、果汁的温度等影响。无论采用哪一种类型的过滤器，都必须减少压缩性的组织碎片淤塞滤孔，以提高过滤效果。

### （一）硅藻土过滤机

硅藻土是一种生物成因的硅质沉积岩，它主要由古代硅藻的遗骸所组成，其化学成分以 $SiO_2$ 为主，可用 $SiO_2 \cdot nH_2O$ 表示。硅藻土具有很大的表面积，既可作为过滤介质，又可以把它预涂在带筛孔的空心滤框中，形成厚度约 1 mm 的过滤层，起到阻挡和吸附悬浮颗粒的作用。硅藻土来源广泛，价格低，因而被广泛应用。硅藻土过滤机以硅藻土为主要介质，利用硅藻土颗粒的细微性和多孔性去除果汁中的悬浮颗粒、胶体杂质，由过滤器、计量泵、输液泵以及相连接的管路组成。过滤器的滤片平行排列，结构为两边紧附着金属钢丝网的板框，滤片被滤罐罩在里面。过滤分以下两步进行。

1. 制备过滤层

在计量槽中，将硅藻土与 200 ～ 250 倍水混合，用量为每平方米过滤表面 500 ～ 1 000 g。为使滤层稳定，可加入一些纤维物质，然后将混合液用输液泵泵入过滤器，直到流出的水清澈为止。

2. 果汁过滤

果汁与硅藻土混合后泵入过滤器中，正式开始过滤，也可使用连续加硅藻土的装置。

### （二）板框式过滤机

板框式过滤机（图 2-3）是间歇式过滤机中应用最广泛的一种，由多块滤板和滤框交替排列而成，板和框都用支架支在一对横梁上，用压紧装置压紧或拉开。过滤部分由带两个通液环的过滤片组成，过滤片的框架由滤纸板密封相隔形成一连串的过滤腔，过滤依靠所形成的压力差而达到。果汁从板框上部的两条通道流入滤框。然后，滤液在压力的作用下，穿过滤框前后两侧的滤布，沿滤板表面流入下部通道，最后流出机外。过滤量和过滤能力由过滤板数量、压力和流出量控制。清洗滤饼也按照此路线进行。自动板框式过滤机是一种较新型的压滤设备，板框的拆装、滤饼的脱落卸出和滤布的清洗等操作都能够自动进行，大大缩短了间歇时间，并减轻了劳动强度。

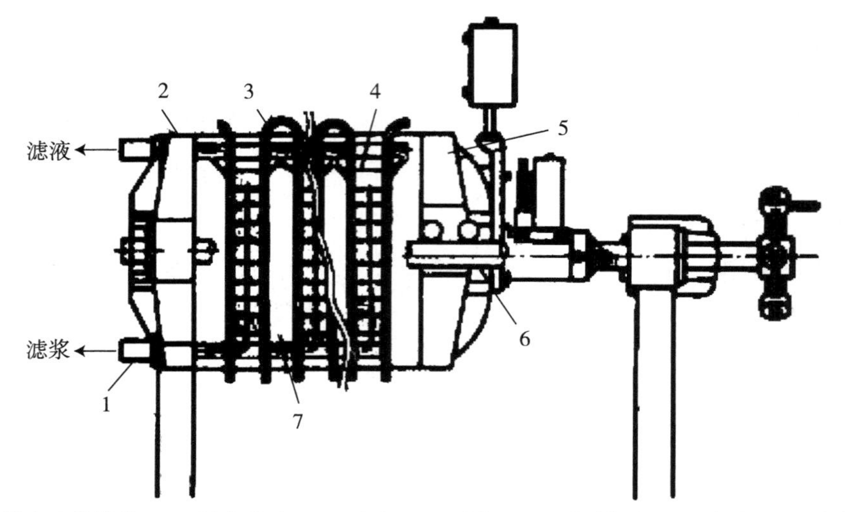


1—机头连接机构；2—固定机头；3—滤布；4—滤框；5—滑动机头；6—机架；7—滤板。

**图 2-3　板框式过滤机**

### （三）离心机

离心分离是指利用高速离心机强大的离心力达到分离的目的，在高速转动的离心机内悬浮颗粒得以分离，有自动排渣和间隙性排渣两种。是澄清果汁生产的常用方法。离心机主要有碟片式离心机、螺旋式离心机、管式分离机等。

### （四）真空过滤机

真空过滤机的工作原理是在设备运转时，过滤机内形成真空，利用压力差使果汁渗透过助滤剂，得到澄清果汁。过滤前，先在真空过滤器的过滤筛外表面涂一层助滤剂，过滤筛的下半部分浸没在果汁中，通过真空泵产生的真空将果汁吸入内部（处于真空状态），而果汁中的固体颗粒沉积在过滤层表面，从而分离出果汁中的颗粒，得到均匀的果汁。目前使用较多的是转鼓真空过滤机（图 2-4），它是连续式过滤机的一种，它的主要元件是由筛板组成的能转动的转鼓，其内维持一定的真空度，与外界大气压的压差即为过滤推动力。转鼓表面有一层金属丝网，网上覆盖滤布，转鼓内沿径向分隔成若干个空间，每个空间都以单独孔道通至鼓轴径端面的分配头上，分配头沿径向隔离成 3 个室，其中 1 个室与真空管道相连，另外 2 个室与压缩空气管道相连。

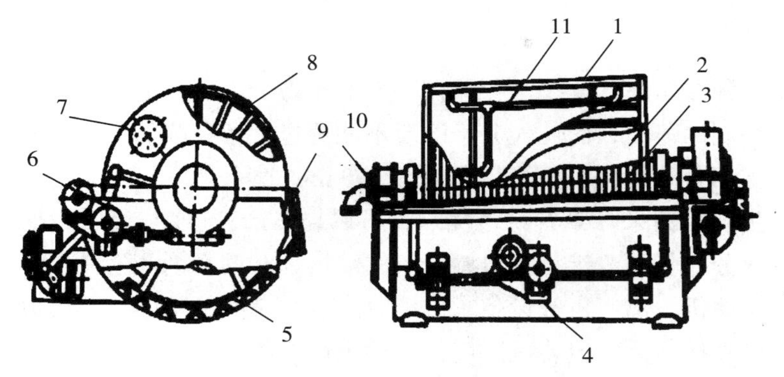


1—转鼓；2—滤布；3—金属网；4—减速器；5—摇摆式搅拌器；6—传动装置；7—手孔；8—过滤器；9—刮刀；10—分配阀；11—滤渣管路。

**图 2-4　转鼓真空过滤机**

在过滤操作时，转鼓下部浸入待处理的料液中，浸没角度 90° ～ 130° ，转鼓旋转时，滤液就穿过过滤介质而被吸入转鼓内腔，而滤渣则被过滤介质阻截，形成滤饼。鼓筒内每一个空间相继与分配阀的 3 个室相通，当转鼓继续转动，生成的滤饼可顺序进行过滤、洗涤、吸干、吹松、卸渣等操作。若滤布上预涂硅藻土层，则刮刀与滤布的距离以基本上不伤及硅藻土层为宜。最后，压缩空气通过分配阀进入再生区，吹落堵在滤布上的微粒，使滤布再生。对于预涂硅藻土层或刮刀卸渣时要保留滤饼预留层的场合，则不用再生区。

### （五）微孔过滤器

微孔过滤器使用膜分离技术，可滤除液体、气体中的微粒和微生物，具有捕捉能力高、过滤面积大、使用寿命长、过滤精度高、阻力小、机械强度大、无剥离现象、抗酸碱能力强、使用方便等特点。此过滤器能滤除绝大部分微粒，广泛应用于果汁精滤操作中。

过滤器采用全不锈钢制成，圆柱形结构，以折叠式滤芯为过滤元件。微孔滤芯采用聚丙烯、尼龙、聚砜、聚四氟乙烯等材料制成，孔径有 0.1 ～ 60 μm 等不同规格。它有过滤精度高、过滤速度快、吸收少、无介质脱落、不泄漏、耐腐蚀、操作方便、带反冲洗功能等优点。

微孔滤膜只能作最后阶段的精密过滤，滤液须先经砂棒或滤纸等粗的滤材过滤，以免堵塞滤膜。将滤膜平放在清洁容器内，用蒸馏水浸泡数分钟后放入适宜的滤器内，即可使用。若折叠式滤芯暂不运行，应将它们保存在过滤器的外壳内，外壳内放入含抗菌剂的水，在重新使用前再冲洗干净。

### （六）超滤

超滤是一种加压膜分离技术，即在一定的压力下，使小分子溶质和溶剂穿过一定孔径的特制的薄膜，而使大分子溶质不能透过，留在膜的一边，从而使大分子物质得到了部分的纯化。膜孔径在 1 ～ 100 nm 之间。

超滤法生产澄清果汁具有许多优点，可以提高产量 5% ～ 8%；保留较多的风味和营养成分，从而改善果汁口感；节省澄清剂、助滤剂和酶的用量；减少反应罐、泵、压滤机、离心机等设备；可回收果胶和一些特殊的酶；可以起到杀菌的作用，也可直接与无菌包装机连接，不再进行杀菌而生产无菌灌装果汁。

## 七、调整

为了使果汁具有一定的规格，为了改进风味，增加营养、色泽，果汁加工中常需要进行调整，包括加糖、酸、维生素 C 和其他添加剂，或加水及糖浆将果汁稀释。

### （一）糖度测定和调整方法

用折光仪或糖度计测定原果汁的含糖量（可溶性固形物含量），再按式（2–1）加酸，然后补充浓糖液。

$$m=m_1(w_2-w_1)/(w-w_2) \tag{2–1}$$

式中：$m$ 为需补加浓糖液质量（kg）；$w$ 为浓糖液的质量分数（%）；$m_1$ 为调整前果汁质量（kg）；$w_1$ 为调整前果汁含糖量（%）；$w_2$ 为调整后果汁含糖量（%）。

糖度调整是将糖料放入夹层锅内，加水溶化后过滤，在不断搅拌下徐徐加入果汁中，调和均匀后，测定其含糖量，如不符合产品规格，可再适当调整。

### （二）酸度测定和调整方法

先测定其酸度大小，根据果汁要求的酸度含量按式（2–2）计算出果汁所需补加的食用酸量，然后按所需酸度进行调整。

$$m_2=m_1(w-w_1)/(w_2-w) \tag{2–2}$$

式中：$m_1$ 为果汁质量（kg）；$m_2$ 为需补加的柠檬酸液量（kg）；$w$ 为要求调整酸度（%）；$w_1$ 为调整前果汁含酸量（%）；$w_2$ 为柠檬酸液的质量分数（%）。

## 八、均质

所谓均质，就是将石榴果汁通过均质机，在高压下把果汁中所含的悬浮粒子破碎成更微小的粒子，大小更为均匀，同时促进果肉细胞壁上的果胶溶出，使果胶均匀而稳定地分布于果汁中，形成均一稳定的分散体系。均质是生产浑浊果汁的必需工序，如果不均质，由于果汁中悬浮果肉颗粒较大，产品不稳定，在重力作用下果肉会慢慢向容器底部下沉，放置一段时间后就会出现分层现象，而且界限分明，容器上部的果汁相对清亮，下部浑浊，影响产品的外观质量。

石榴果汁常用的均质设备有高压均质机、胶体磨、超声波均质机等。

#### （一）高压均质机

高压均质机是最常用的均质设备，是以高压往复泵为动力传递及物料输送机构，将物料输送至工作阀（一级均质阀及二级乳化阀）部分。高压均质机主要由柱塞泵、均质阀等部分组成。高压均质机的均质作用是这样产生的：要处理物料在通过工作阀的过程中，在高压下产生强烈的剪切、空穴和撞击作用，从而使液态物质或以液体为载体的固体颗粒得到超微细化，制成稳定的乳化液或匀浆液。物料以高速通过均质头中阀芯与阀座之间形成的环形窄缝，从而产生强烈的剪切作用，并使物料中的微粒变形和粉碎；物料经高压柱塞泵加压后由排出管进入均质阀，在均质阀内发生由高压低流速向低压高流速的强烈的能量转化，物料在间隙中加速的同时，静压能瞬间下降，产生了空穴作用，从而产生了非常强的爆破力；自环形缝隙中流出的高速物料猛烈冲击在均质环上，使得已经破碎的颗粒进一步得到分散。

在食品工业中广泛采用的高压均质机是以三柱塞往复泵为主体，并在泵的排出管路中安装双级均质阀头。高压均质机的结构主要由三柱塞往复泵、均质阀、传动机构及壳体等组成。物料从进料口进入，在柱塞泵活塞往复运动过程中被吸入，加压后流向均质阀，在均质操作中设有两级均质阀。第一级为高压流体，其压力高达 20 ～ 25 MPa，主要作用是使液滴均匀分散，经过第一级后的流体，压力下降至 3.5 MPa，第二级的主要作用是使液滴分散。

高压均质机在日常使用中应定期检查油位，以保证润滑油油量充足；应定期在机体连接轴处加些润滑油，以免缺油，损坏机器。启动设备前，应检查各紧固件及管路等是否紧固，并先接通冷却水，保证柱塞往复运动时能充分冷却。调压时，必须十分缓慢地加压和泄压。不能用高浓度、高黏度的料液来均质。禁止粗硬杂质进入泵体。

#### （二）胶体磨

胶体磨是一种依靠剪切力作用，使流体物料得到精细粉碎的微粒处理设备。胶体磨是由一固定表面（定盘）和一旋转表面（动盘）所组成。两表面有可调节的微小间隙，当果汁流经胶体磨的狭腔时，由于传动件高速旋转，附于旋转面上的物料速度最大，而附于固定面上的物料速度为零，其间产生急剧的速度梯度，使物料受到强烈的剪力摩擦和湍流扰动，从而使物料乳化、均质。胶体磨结构示意图如图 2-5 所示。

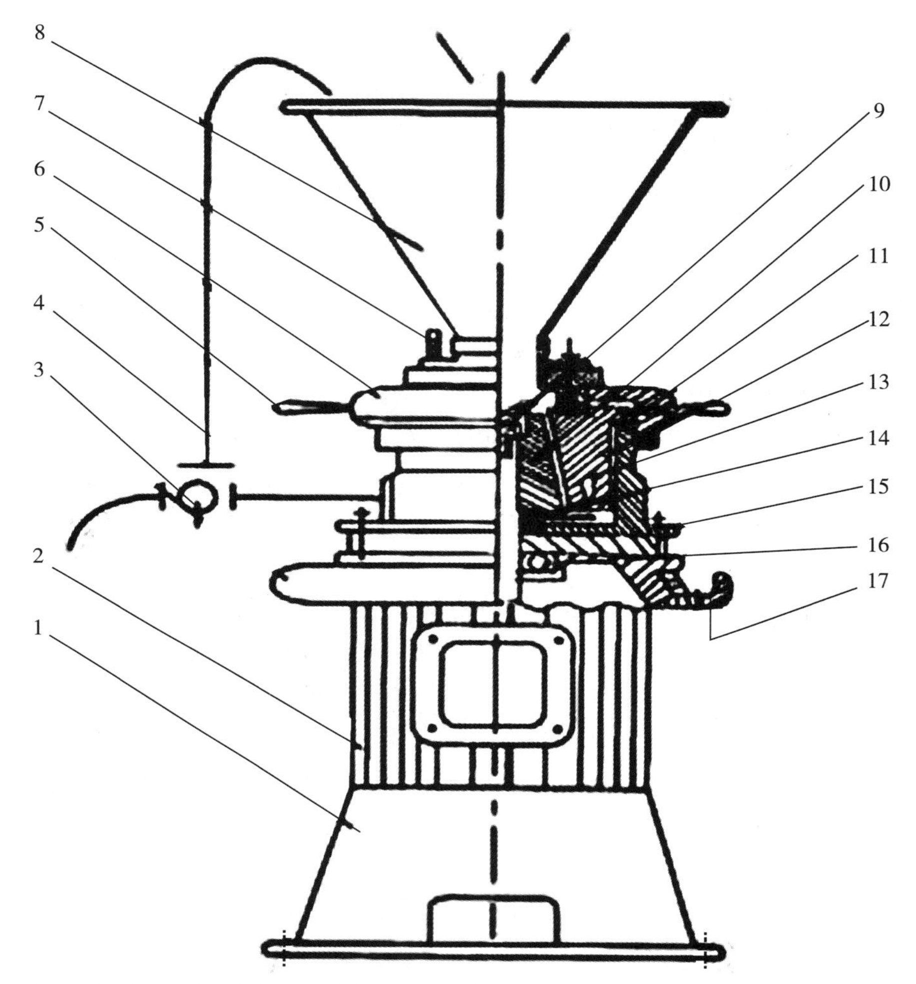


1—底座；2—电机；3—端盖；4—循环管；5—手柄；6—调节环；7—接头；8—料斗；9—旋刀；10—动磨片；11—静磨片；12—静磨片座；13—O 形圈；14—机械密封；15—壳体；16—组合密封；17—排漏管接头。

**图 2-5　胶体磨结构示意图**

胶体磨结构简单，设备保养、维护方便。与高压均质机不同，胶体磨适用于较高黏度和较大颗粒的物料。但是由于转定子和物料间高速摩擦，故易产生较大的热量，使被处理物料的温度升高并可能发生变性；机器表面较易磨损，而磨损后，粉碎效果会显著下降。

胶体磨运转过程中绝不允许有石英、碎玻璃、金属屑等硬物质混入其中，否则会损伤动、静磨盘。在使用过程中，如发现胶体磨有异常声音，应立即停机检查原因。胶体磨为高精度机械，运转速度快，线速度高达 20 m/s，磨片间隙极小，检修后装回时必须用百分表校正壳体内表面与主轴的同轴度，使误差≤ 0.5 mm。若长期停用，需要将泵全部拆开，擦干水分，将转动部分及接合处涂以油脂并装好，妥善保管。

### （三）超声波均质机

超声波均质机是一种借助高频声波产生分子机械运动和空穴效应达到颗粒破碎目的的均质设备。用法是将 20 ～ 25 kHz/s 的超声波发生器放入料液中，或使料液高速通过超声波发生器。由于超声波为纵波，遇到物料时，会在物料中产生迅速交替的压缩与膨胀作用，物料中的任何气泡都将随之压缩与膨胀，当压力振幅大于气泡的振幅时，被压缩的气泡急速崩溃，料液中出现真空“空穴”，随着振幅的变化和瞬间外压不平衡的消失，空穴在瞬间消失，在液体中引起非常大的压力和使液体温度增高，并产生复杂而强有力的机械搅拌作用，达到均质的目的。

超声波均质机按超声波发生器的形式，可分为机械式、磁控式和压电晶体式。食品工业中常用的是机械式，其结构如图 2-6 所示。

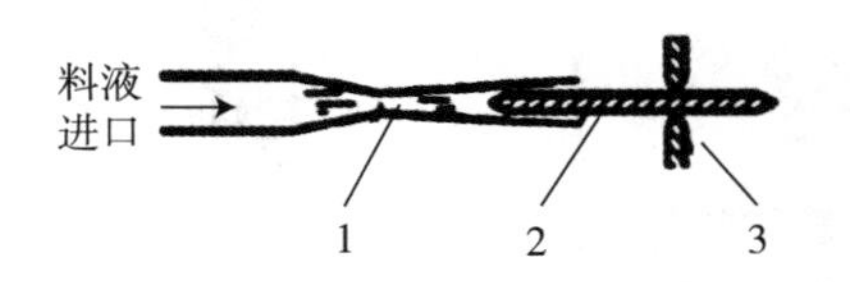


1—矩形缝隙；2—簧片；3—夹紧装置。

（a）超声波发生器工作原理示意图

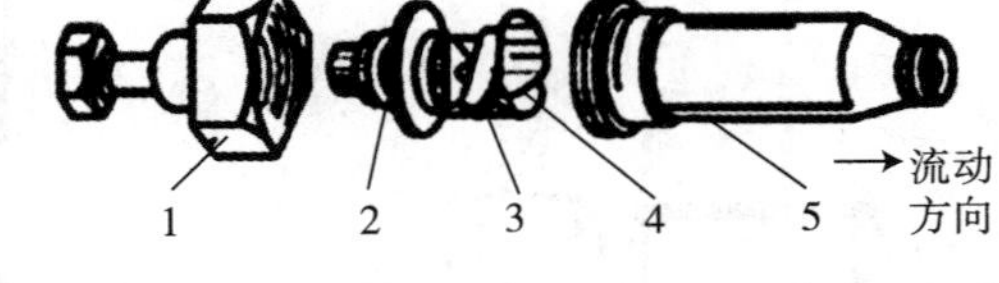


1—底座；2—可调喷嘴体；3—喷嘴心；4—簧片；5—共鸣钟。

（b）超声波发生群结构图

**图 2-6　机械式超声波均质机结构**

## 九、脱气

石榴果肉细胞间存在着大量的空气，且在原料的破碎、取汁、均质、搅拌、输送等工序中还会混入大量的空气，所以得到的果汁中含有大量的氧气、二氧化碳、氮气等。这些气体以溶解形式存在或在微粒表面吸附着。脱气即采用一定的机械和化学方法除去果汁中气体的工艺过程。脱气主要是为了除去石榴汁中的氧气。脱除氧气可以减少或避免果汁成分的氧化，减少果汁色泽和风味的变化，避免悬浮颗粒吸附气体而漂浮于液面，以及防止装罐和杀菌时产生泡沫，防止杀菌效果受到影响。由于脱气会导致果汁中挥发性芳香物质的损失，必要时可对芳香物质进行回收，重新加入果汁中。常用的脱气方法有真空脱气法、气体交换法和酶法脱气法等。

### （一）真空脱气法

真空脱气法是利用气体在液体内的溶解度与该气体在液面的分压成正比的原理，进行真空脱气，液面上的压力逐渐降低，溶解在果汁中的气体不断逸出，直至降至果汁的蒸汽压时，达到平衡状态，这时所有气体已被脱除。达到平衡时所需的时间取决于溶解的气体逸出速度和气体排至大气的速度。

真空脱气采用脱气设备进行。真空度维持在 90.7 ～ 93.3 kPa，果汁脱气温度 50 ℃～ 70 ℃，采用离心喷雾、压力喷雾和薄膜流方法使果汁分散成薄膜或雾状，以扩大果汁表面积以利于脱气。真空脱气设备一般与热交换器、均质机相连，以保证连续化生产。真空脱气处理过程中一般有 2% ～ 5% 的水分和少量的挥发性成分的损失，必要时可回收。真空脱气机结构如图 2-7 所示。

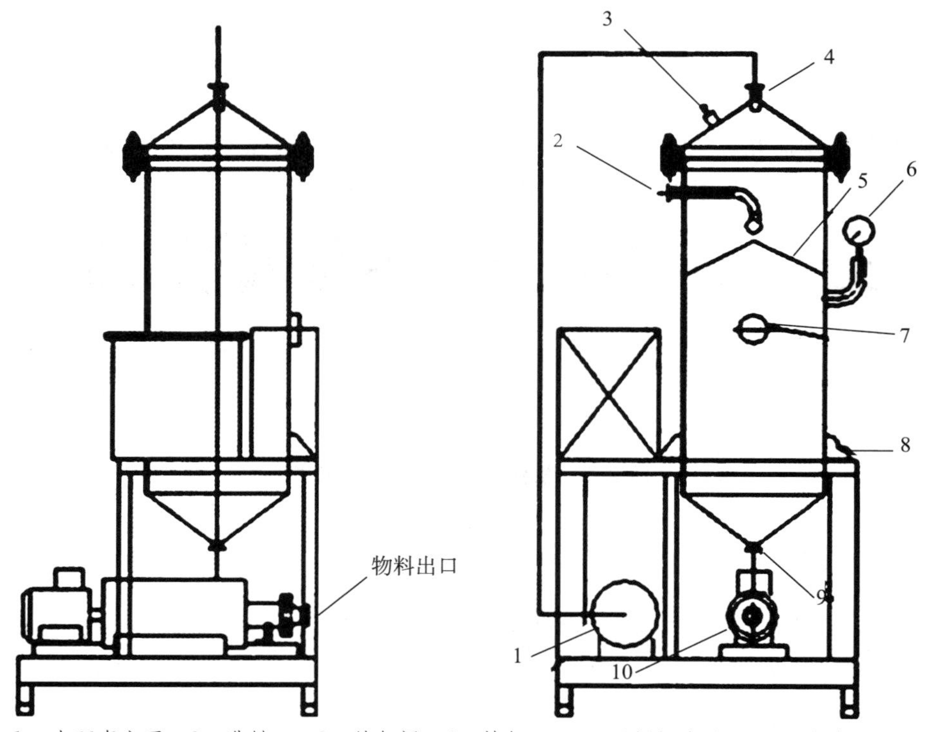


1—水环真空泵；2—进料口；3—放气阀；4—抽气口；5—不锈钢滤网；6—压力真空泵；7—视镜；8—牛角；9—出料口；10—螺杆泵。

**图 2-7　真空脱气机结构**

### （二）气体交换法

气体交换法是用气体分配阀把稀有气体（如氮气）通入含氧的饮料中，使果汁在氮的泡沫流强烈冲击下失去所附着的氧，最后剩余的几乎全部都是氮气。气体交换法能减少挥发性芳香物质的损失，有利于防止加工过程中的氧化变色。

### （三）酶法脱气法

在果汁中加入葡萄糖氧化酶，可使葡萄糖氧化生成葡萄糖酸和过氧化氢。过氧化氢酶可使过氧化氢分解为水和氧，氧又消耗在葡萄糖氧化成葡萄糖酸的过程中，因此具有脱氧作用。化学反应式如下：

$$\text{葡萄糖}+O_2+H_2O \xrightarrow{\text{葡萄糖氧化酶}} \text{葡萄糖酸}+H_2O_2$$

$$H_2O_2 \xrightarrow{\text{过氧化氢酶}} H_2O+1/2O_2$$

## 十、浓缩

新鲜果汁的可溶性固形物含量一般在 5% ～ 20%。果汁的浓缩就是去除果汁中的部分水分，使果汁的固形物含量提高到 65% ～ 70%。浓缩果汁的体积会缩小到原来体积的 1/7 ～ 1/6，可节省包装和运输费用，便于贮运；浓缩后的果汁的品质更加一致；糖、酸含量的提高能够增加产品的保藏性；浓缩汁用途广泛，可作为各种食品的基料。

理想的浓缩果汁，在稀释和复原后，应与原果汁的风味、色泽、浑浊度相似，因而加热的温度、果汁在浓缩机内停留的时间显得尤为重要。目前所采用的浓缩方法按其所用设备和原理，可以分成真空浓缩法、冷冻浓缩法和膜浓缩法等。

### （一）真空浓缩法

真空浓缩法是采用真空浓缩设备在减压条件下加热，降低果汁沸点温度，使果汁中的水分迅速蒸发，这样既可缩短浓缩时间，又能较好地保持果汁质量，目前已成为制造浓缩果汁的最重要和使用最为广泛的一种浓缩方法。其操作条件：浓缩温度一般为 25 ℃～ 35 ℃，不宜超过 40 ℃，真空度约为 94.7 kPa。

真空浓缩设备由蒸发器、分离器、真空冷凝器和附属设备组成。蒸发器由加热器和果汁气液分离器组成。按加热蒸汽利用次数来分，有单效浓缩设备和多效浓缩设备；按蒸发器中加热器的结构特征来分，有强制循环式浓缩、薄膜式浓缩、板式蒸发式浓缩和离心薄膜蒸发式浓缩等。

1. 强制循环式浓缩

这种浓缩方式是在循环管式蒸发器中或带搅拌桨浓缩锅中利用泵和搅拌桨机械地强迫果汁循环，能耗相当高，循环效果差，蒸发能力小，果汁在蒸发器内的停留时间较长。

2. 薄膜式浓缩

薄膜式浓缩是果汁在自然循环的液膜式浓缩设备的加热管内壁成膜状流动，进行连续传热蒸发。膜状流动方式有升膜和降膜之分，升膜式蒸发器如图 2-8 所示，降膜式蒸发器如图 2-9 所示。升膜式浓缩时，果汁从加热体底部进入管内，经加热蒸汽加热沸腾后迅速汽化，所产生的二次蒸汽高速上升带动果汁沿管内壁成膜状上升不断加热蒸发。降膜式浓缩时，果汁由加热器顶部加入，经料液分布器均匀地分布于管道中，在重力作用下，以薄膜形式沿管壁自上向下流动而得到蒸发浓缩。薄膜式浓缩传热效率高，果汁受热时间短，浓缩度高。目前，多效降膜式浓缩已在果汁加工业中得到了广泛应用。

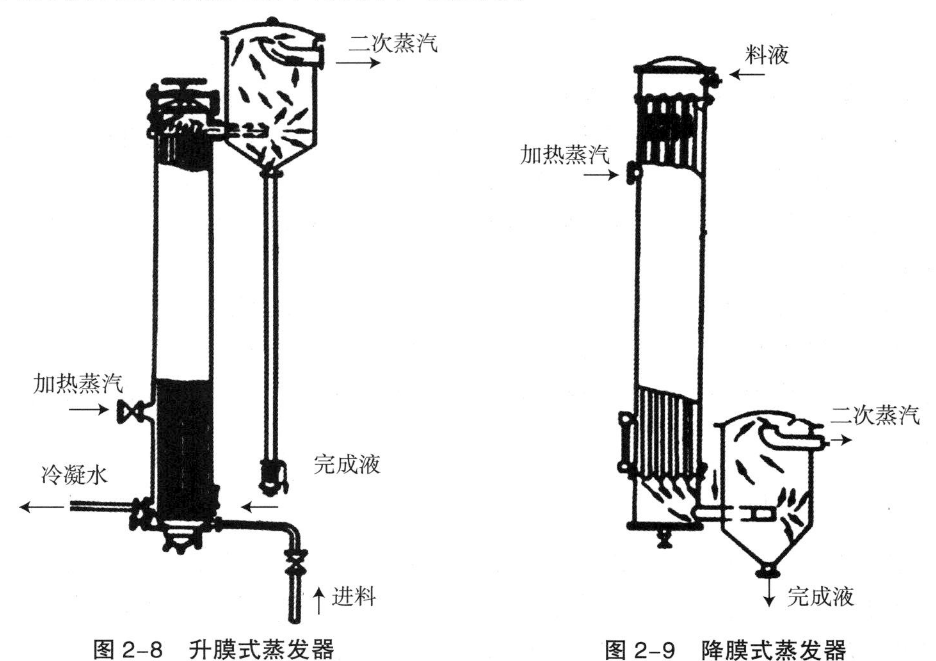


图 2-8　升膜式蒸发器　　　　图 2-9　降膜式蒸发器

3. 板式蒸发式浓缩

板式蒸发式浓缩的浓缩原理是将升降膜原理应用于板式换热器内部，加热室与蒸发室交替排列。果汁从第一蒸发室沸腾成升膜上升，然后从第二蒸发室成降膜流下，与蒸汽一起送达分离器，通过离心力进行果汁与蒸汽的分离。生产能力可以通过平板数量的增减来调节。这种浓缩方式液速高，传热好，停留时间短。

4. 离心薄膜蒸发式浓缩

离心薄膜蒸发式浓缩是通过回转圆锥体产生离心力代替传统的二次蒸汽的拖曳力来完成的。需浓缩的果汁经进料口进入回转桶内，通过分配器的喷嘴进入圆锥体的加热表面，由于离心力作用，迅速展成 0.1 mm 以下的薄膜，瞬间蒸发浓缩，浓缩液沿圆锥斜面下降，并集中于圆锥体底部，然后由吸出管排出，蒸发出来的蒸汽在板式冷凝器中冷凝下来。这种浓缩方式加热时间短，蒸发器内贮汁量少。

对果汁进行真空浓缩时，常使用香精回收系统回收挥发性芳香物质，所回收的天然香精在浓缩果汁重新稀释成果汁时再加入其中，以保证其良好的风味。

### （二）冷冻浓缩法

冷冻浓缩是将果汁进行冻结，果汁中的水即形成冰结晶，去除这种冰结晶，果汁中的可溶性固形物就得以浓缩，即可得到浓缩果汁。

冷冻浓缩的工艺过程可分为两个阶段，先是将部分水分从果汁中结晶析出，而后是将冰晶与浓缩液加以分离。

1. 悬浮结晶冷冻浓缩法

悬浮结晶冷冻浓缩法是一种不断排除在母液中悬浮的自由小冰晶，使母液浓度增加而实现浓缩的方法。这种方法现已在生产中运用，其优点是能够迅速形成冰晶且浓缩终点比较大。但由于种晶生成、结晶成长、固液分离三个过程要在不同装置中完成，系统复杂，设备投资大、操作成本高。

2. 渐进冷冻浓缩法

渐进冷冻浓缩法是一种随着冰层在冷却面的生成和成长，固液界面附近的溶质被排除到液相侧，导致液相中溶质质量浓度逐渐升高的浓缩方法。这种方法最大的特点是能够形成一个整体的冰结晶，固液界面小，使母液与冰晶的分离非常容易。由于冰结晶的生成、成长、与母液的分离及脱冰操作均在同一个装置中完成，具有良好的浓缩效果且装置简单，可以大幅度降低操作成本与初期投资。

冷冻浓缩是在溶液冰点以下的低温进行操作，没有经过加热处理，避免了物料中成分的热分解，以及芳香物质的挥发，食品原有品质和风味得到充分保存。此外，整个加工操作均在低温下实现，低温也能够抑制微生物的增殖，降低微生物带来的污染风险。含有多种溶质的溶液冷冻浓缩时，去除的仅是水分，不会引起其他组成成分的变化。对于能耗，从理论上分析可知，冷冻浓缩远低于蒸发浓缩，具有广阔的工业应用前景。

冷冻浓缩的不足之处是在浓缩过程中，细菌和酶的活性得不到杀灭，浓缩汁还必须再经过热处理或冷冻保藏；冷冻浓缩方法不仅会受到果汁浓度的限制，还取决于冰晶与浓液分离的程度，一般果汁黏度越高，分离就越困难；冰结晶生成和分离时，冰结晶吸入少量的果汁成分，附着在冰结晶表面的果汁成分会损失掉；在 –15 ℃～ –5 ℃的低温下凝集或析出的成分及不溶性固形物，在冰结晶分离时，将和冰结晶一起除去而损失；冷冻浓缩的效率比蒸发浓缩差，浓缩浓度不能超过 55%；冷冻设备昂贵，运营成本高，生产能力小，产品浓缩度低。这些都是制约其工艺广泛应用的主要原因。

### （三）膜浓缩法

膜浓缩法是指利用高分子半透膜的选择性使溶剂与溶质或溶液中的不同组分分离从而实现浓缩的一种方法。

#### 1. 反渗透浓缩技术

当半透膜把果汁和水溶液分别置于两侧时，水溶液将会自然渗透至果汁溶液一侧，最终达到渗透平衡。若在果汁溶液一侧施加一个大于渗透压的压力，溶剂的流动方向就将与原来的渗透方向相反，开始从果汁溶液向水溶液一侧流动，从而达到浓缩的目的。

反渗透法浓缩果汁同传统的蒸发法相比，具有以下优点：果汁浓缩温度较低，无相变发生；果汁中芳香成分截留率较高，可以较好地保持果汁风味；果汁中营养成分损失少，热敏性成分不易破坏。其缺点有以下几点：一般果汁浓缩要求达到 60 白利度以上，当浓缩汁中可溶性固形物上升至一定浓度时，需要的压力也相应增大，对设备和渗透膜的质量要求也相应提高；当溶液黏度过大时，仅靠压力无法将果汁浓缩至标准要求，同时容易出现堵膜，这时需要对半透膜进行反冲或清洗，不易实现连续化生产。

由于果汁的渗透压高，一般只能进行 2 ～ 2.5 倍的浓缩，反渗透浓缩法主要在预浓缩步骤使用。

#### 2. 渗透蒸馏浓缩技术

渗透蒸馏浓缩技术是基于渗透与蒸馏概念而开发的一种渗透过程与蒸馏过程耦合的新型膜分离技术，是依靠微孔疏水膜两侧液相表观渗透压差异，使水蒸气从表观渗透压高的物料液穿过微孔膜膜孔进入表观渗透压低的脱除液，从而达到浓缩的目的。渗透蒸馏的推动力是被处理果汁中的水的渗透压（蒸汽压）大于脱除剂（无机盐水溶液）中的水的渗透活性。

渗透蒸馏浓缩法包含了 3 个过程：①果汁中的水分、芳香物质等易挥发组分汽化；②易挥发组分选择性地透过疏水性膜；③透过疏水性膜的易挥发组分被另一侧含有脱除剂的溶液所吸收。

由于依赖的是表观渗透压，渗透蒸馏浓缩的效率远远低于反渗透浓缩。当果汁中含有较多水溶胶和大分子微量溶质时，反渗透膜将无法单纯依靠压力驱动来浓缩至产品理想浓度，而且膜的压力较大，容易造成膜损伤，增加了生产成本。然而，渗透蒸馏浓缩也有自己的优势，渗透蒸馏投资少，能耗低，能在常温下使被处理果汁实现高倍浓缩。

由于渗透蒸馏速率较慢，出于经济考虑，一般采用超滤或反渗透对被处理果汁进行初步浓缩，然后用渗透蒸馏对其进行高倍浓缩。

3. 膜联合浓缩技术

膜联合技术是将膜超滤技术、反渗透技术和蒸馏渗透等几种技术相结合，对果汁进行浓缩。

在进行反渗透浓缩之前，采用超滤或微滤手段可以除去果汁中的果胶等大分子悬浮物质，降低果汁黏度，减少膜堵塞程度，从而显著提高反渗透的浓缩效率；在进行反渗透以后，采用微滤等手段可以提高反渗透浓缩的效率，可以再一次对滤液进行反渗透浓缩，最终达到目标浓度。不过，采用膜联合浓缩技术对设备的复杂程度要求较高，投入也随之增加。

## 十一、芳香物质的回收

石榴汁的芳香物质在蒸发操作中会随蒸发而逸散。因此，新鲜石榴汁被浓缩之后就缺乏芳香，这样就必须将这些逸散的芳香物质进行回收浓缩，加回到浓缩果汁，以保持原果汁的风味。理想状态是把全部逸散的芳香物质都回收浓缩，但实际能回收到果汁中的仅为约 20%。

芳香物质回收主要采用萃取法和蒸馏法：前者是在浓缩前，先将芳香成分分离回收，然后将其加回到浓缩果汁中；后者是将浓缩中蒸发的蒸汽进行分离回收，然后将其加回到浓缩果汁中。对果汁中芳香物质回收通常采用后一种方法。浓缩果汁芳香物质回收的基本原理是先把鲜果汁平衡蒸馏（闪蒸），过热的果汁自身蒸发，液体部分汽化，汽相和液相在分离器中分开。汽相的易挥发性芳香物质较为富集，它遇到冷凝器就凝结成液体，而液相中的难挥发性组分获得增浓，成为浓缩果汁。含有芳香物质的冷凝体还要经过精馏，使芳香物质与水分分离而浓缩。精馏用的精馏塔顶部有冷凝器，塔底部装有再沸器（蒸馏釜）。含芳香物质液体从塔中部连续加入塔内，其蒸汽到塔顶冷凝器中冷凝为液体，冷凝液的一部分回流到塔内。塔底的再沸器加热，液体产生蒸汽，蒸汽上升时与下降的液体逆流接触，并进行物质传递，难挥发组分（水分）由汽相向液相传递。而易挥发组分（芳香物质）由液相向汽相传递。从而使水分集结在塔底排出；而芳香物质在塔顶经冷凝而变成浓缩液体。

## 十二、杀菌和包装

传统的果蔬汁常以灌装、密封、杀菌的工艺进行加工。现代工艺则先杀菌后灌装，亦大量采用无菌灌装方法进行加工。

### （一）杀菌

果汁的杀菌是指杀灭果汁中存在的微生物（细菌、霉菌和酵母菌等）或使酶钝化的操作过程。目前，杀菌方法主要有高温短时杀菌和非加热杀菌（冷杀菌）两大类。由于加热杀菌有可靠、简便和投资小等特点，在现代果汁加工中，加热杀菌仍是应用最普遍的杀菌方法。但加热会对果汁的品质有明显影响。为了达到杀菌目的而又尽可能降低对果汁品质的影响，必须选择合理的加热温度和时间。根据用途和条件的不同，加热杀菌分为低温杀菌（巴氏杀菌）、高温短时杀菌和超高温瞬时杀菌。

巴氏杀菌（75 ℃～ 85 ℃）可以杀灭导致果汁腐败的微生物和钝化果汁中的酶。由于微生物受热致死的影响要比果汁营养成分等受热力破坏的影响大得多，所以当果汁 pH 值大于 4.5 时，可采用高温短时杀菌，即在较高温度下用较短的加热时间杀灭果汁和容器内的微生物。同低温长时的巴氏杀菌工艺相比，高温短时杀菌不但杀菌效果显著，而且果汁营养成分损失要小得多。高温短时杀菌一般杀菌条件为 91 ℃～ 95 ℃ 保持 15 ～ 30 s，特殊情况下可采用 120 ℃ 以上保持 3 ～ 10 s。目前，无菌包装技术的快速发展使越来越多的企业采用超高温杀菌工艺对果汁杀菌后进行无菌灌装。

非加热杀菌（冷杀菌）主要是指用紫外线及超声波等方法进行杀菌。紫外线灭菌设备由紫外线灯及紫外光反射器组成，它们封在透明聚四氟乙烯制管道中。果汁在此管道内通过，接受紫外线的灭菌处理，这可使细菌及有害菌的脱氧核糖核酸结构发生无法再生的“溶化”。近年，关于超高压脉冲杀菌、脉冲强光杀菌、膜杀菌等冷杀菌技术的研究也比较多。

对果汁杀菌的设备只能使果汁中已存在的微生物被杀灭和酶钝化，而对于杀菌后再次污染的微生物就没有作用了。因此，即使充分地进行过杀菌，但在杀菌之后如果处理不当，仍然不能达到较长期保藏的目的。加热杀菌设备主要有以下两种类型。

1.板式热交换器

板式热交换器是由许多薄的金属板平行排列，夹紧组装于支架之上而构成，两相邻板片的边缘衬有橡胶垫圈，压紧后可以达到密封的目的，且垫片的厚度可调节板间流体的通道大小。每块板的四角上各开一孔，借圆环垫圈的密封作用，使四个孔中只有两个圆孔和板面上的流道相通，另外两个圆孔与另一侧相通。冷、热流体交替地在板片两侧流过，通过金属板进行换热。每块金属板面由水压机冲压成凹凸规则的波纹，使流体均匀流过板面，增加传热面积，并提高流体湍动程度，有利于换热。

板式杀菌器具有传热效率高、结构紧凑、检修和清洗方便与节能等优点。主要不足是处理量不大，操作压力低。尽管如此，板式杀菌器仍是饮料生产中使用最多的加热、杀菌设备。

2.管式换热器

管式换热器广泛应用于果汁的巴氏杀菌和超高温杀菌中，管式换热器在产品通道上没有接触点，因此可用于处理含有一定颗粒的物料，物料颗粒的最大直径取决于管子的直径。但是从热传递的角度来看，管式热交换器的传热面积小，传热效率没有板式换热器的效率高。在超高温瞬时杀菌处理中，管式换热器要比板式换热器运行时间长。工业化应用的管式杀菌器都设计为套管式，包括多套管式和列管套管式。

多套管式换热器的传热面包含一系列不同直径的管子。这些管子同心安装在顶盖两端的轴线上，管子由两个O形环密封在顶盖上，又由一个轴线压紧螺栓将其安装成一个整体。两种热交换介质以逆流的方式交替地流过同心管的环形通道。波纹状构造的管子保证了两种介质的紊流状态，以实现最大的传热效率。可以使用这种类型的管式换热器直接加热产品，进行产品热回收。

列管套管式换热器基于传统的列管式换热器的原理，产品流过一组平行的通道，提供的介质围绕在管子的周围，通过管子和壳体上的螺旋波纹，产生紊流，实现有效的传热。列管套管式换热器非常适合用于高压、高温状况下的物料加工。

### （二）灌装

灌装方法有高温灌装法和低温灌装法两种。高温灌装法是在果汁被杀菌后，处于热的状态下进行灌装的，利用果汁的热量对容器内表面进行杀菌，若密封性完好，就能继续保持无菌状态。但是果汁较长时间处于高温下，品质会下降。低温灌装法是将果汁加热到杀菌温度之后，保持短时间，然后通过热交换器快速冷却至常温或常温以下，将冷却后的果汁进行灌装。这样，高温对果汁品质的继续影响很小，可得到优质产品。对于要求长期保藏的产品采用这种方法时，杀菌之后的各种操作都应该是在无菌条件下进行。

无菌灌装是近几十年来液态食品包装最大进展之一，它包括产品的杀菌和无菌充填密封两部分，为了保证充填和密封时的无菌状态，还需对机器、充填室等进行杀菌和对空气进行无菌处理。

无菌灌装主要由以下三部分构成。①产品的杀菌：果汁采用超高温瞬时灭菌，135 ℃～ 150 ℃ 下 2 ～ 3 s。②包装容器的灭菌：可采用过氧化氢、乙醇、乙烯化氧、放射线、超声波、加热法等，也可几种方法联合在一起使用。③充填密封环境的无菌：必须保持连接处、阀门、热交换器、均质机、泵等的密封性，保持整个系统的正压。操作结束后用清洗系统装置，加 0.5% ～ 2% 的 NaOH 热溶液循环洗涤，稀 HCl 中和，然后用热蒸汽杀菌。无菌室需用高效空气滤菌器处理，达到一定的卫生标准。

目前常用的设备主要有以下几种。

1. 卷材纸盒无菌灌装设备

卷材纸盒无菌灌装机工作原理：经高温瞬时杀菌处理后的果汁在一封闭及预灭菌的系统中被输送至灌装机上，然后在无菌条件下计量充填入包装盒中，包装盒同时完成自动成型及灭菌。包装盒的材料通常是复合材料，其可形成有效阻挡层以防止再污染，也可防止光和氧的入侵，保证产品的品质。

2. 纸盒预制式无菌灌装设备

纸盒预制式无菌灌装机工作原理：使用型芯和热封使预制筒张开，封底形成一个开顶的容器，然后用过氧化氢进行灭菌。在无菌环境区内将灭菌过的果汁灌入无菌容器。为了尽可能使盒内顶隙减小，可使用蒸汽喷射与超声波密封相结合的方法消泡。如果需要产品有可摇动性的形状，则需留出足够的顶隙，而后充以氮气等稀有气体，然后封顶，并进行盒顶成型。

3. 塑料瓶无菌灌装设备

塑料瓶无菌灌装系统以热塑性颗粒塑料为原料，先将原料挤压成塑料形饼坯，然后借助压缩空气将形坯吹成容器，同时在无菌环境下，直接将果汁充填到容器中，最后进行容器顶端的密封，如此往复循环。其特点是容器不需要二次灭菌。用于制造的塑料主要是聚丙烯、聚碳酸酯及聚对苯二甲酸乙二酯等。

4. 塑料袋无菌灌装设备

塑料袋无菌灌装包括包膜卷料的灭菌、果汁的商业无菌、输送过程的无菌以及在无菌环境下充填，然后进行密封以防止再次污染，从而完成生产。

## 十三、石榴果汁加工中常见质量问题及对策

### （一）浑浊石榴果汁的稳定性

浑浊果汁要求产品在保质期内保持均匀稳定的浑浊状态，这是此类果汁生产的技术关键。而浑浊果汁在加工和贮运中易出现分层及沉淀。产生分层及沉淀的主要原因是果汁中的果肉颗粒下沉。要使浑浊物质稳定，就要控制好沉降速度，使其沉降速度尽可能降至零。其下沉速度一般认为遵循纳维－斯托克斯方程，如式（2–3）所示。

$$V=2gr^2(\rho_1-\rho_2)/9\eta \quad (2\text{–}3)$$

式中：$V$ 为沉降速度（m/s）；g 为重力加速度（m/s）；$r$ 为浑浊物质颗粒半径（m）；$\rho_1$ 为颗粒的密度（$kg/m^3$）；$\rho_2$ 为液体（分散介质）的密度（$kg/m^3$）；$\eta$ 为液体（分散介质）的黏度（Pa·s）。

由纳维－斯托克斯方程定律可知：果肉颗粒的沉降速度与颗粒半径、颗粒密度和液体密度之差成正比；与液体黏度成反比。由此可以通过减小果肉粒径、适当增加果汁黏度等方法来调整和控制沉降速度，从而增强浑浊型果汁的稳定性。具体措施有以下几种。

减小颗粒的体积：降低颗粒体积的途径主要为均质技术。

增加分散介质的黏度：可通过添加胶体物质来增加黏稠度。果胶、黄原胶、卡拉胶、琼脂均可作为食用胶加入。

降低颗粒与液体之间的密度差：加入高酯化的亲水果胶分子作为保护分子包埋颗粒，可降低密度差。相反，空气泡和空气混入会提高密度差，因此脱气也可保持其稳定。

### （二）澄清石榴果汁的稳定性（混浊和沉淀）

在保质期内保持澄清透明的状态是澄清果汁的基本要求，也是此类果汁生产的技术关键。澄清石榴果汁在加工之后或流通期间会出现浑浊和沉淀现象，这种现象被称为后浑浊，它会大大降低产品的商品性，特别是在透明包装中尤其如此。出现后浑浊的原因很多，主要有胶体物质去除不完全、蛋白质过量、花色素及其前体物质被氧化或微生物污染等，需先通过测试来确定原因，并进一步消除。确定原因和消除的方法如表 2–1 所示。

表 2-1 引起石榴汁浑浊沉淀的原因及消除方法

| 原 因 | 确定方法 | 消除方法 |
|---|---|---|
| 果胶物质去除不彻底 | 乙醇试验 | 加果胶酶或复合酶 |
| 单宁物质过量 | 明胶试验 | 加明胶沉淀或皂土吸附 |
| 花色苷及苷原被氧化 | 含花色苷 | 脱氧、避光包装或加辅色素 |
| 微生物污染 | 镜检 | 加强清洁卫生及消毒杀菌 |

### （三）变色

石榴汁出现变色的原因主要有 3 个：酶促褐变、非酶促褐变及所含的花青素的变化。酶促褐变主要发生在榨汁、取滤、泵输送等工序过程中。由于组织被破碎，酶与底物的区域化被打破，所以在有氧气条件下石榴果汁中的氧化酶如多酚氧化酶催化酚类物质氧化变色，主要防止措施：加热处理，尽快钝化酶的活力；榨汁后添加抗氧化剂如抗坏血酸或异抗坏血酸，消耗环境中的氧气，还原酚类物质的氧化产物；添加有机酸如柠檬酸抑制酶的活力，原因是多酚氧化酶最适的 pH 值为 6.8 左右，当 pH 值降到 2.5 ～ 2.7 时就基本失活。

非酶促褐变发生在果汁的贮藏过程中，特别是浓缩汁更加严重，这类变色主要是由还原糖和氨基酸之间的美拉德反应引起的，而还原糖和氨基酸都是果汁本身所含的成分，比较难控制。主要防止措施有以下三点：避免过度热处理，防止羟甲基糠醛的形成，根据其值的大小可以判断果汁是否加热过度；控制 pH 值在 3.2 以下；低温贮藏或冷冻贮藏。

石榴果汁本身所含的花青素在加工和贮藏的过程中会引起石榴果汁的变化，如 pH 值会导致颜色的改变，加热会导致褪色等。因此，要有针对性地采取相应的护色、保色措施。

### （四）变味

果汁的变味，如酸味、酒精味、臭味、霉味等，主要是微生物生长繁殖引起腐败而造成的，变味产生时，还常常伴随着澄清、浑浊、黏稠胀罐、长霉等现象。可以通过控制原料和生产环境以及采用合理的杀菌条件来解决果汁变味问题。另外，使用三片罐装的果汁有时有金属味，原因是管内壁氧化腐蚀或酸腐蚀，采用脱气工序和选用适宜的内涂料金属罐就能避免这种情况发生。

# 第二节　石榴果汁饮料的制作

## 一、石榴果汁饮料

石榴果汁饮料是以石榴果汁为基料，加入水、糖、酸、香精、色素等调制而成的产品。成品中果汁含量不低于10%。所以石榴果汁饮料的加工工艺和石榴果汁的加工工艺基本相同，只是多了一步调配的工艺。近年，国内有不少学者对石榴果汁饮料的配方和工艺进行了研究。

石亚中等以怀远石榴为原料，益寿糖为甜味剂，NaCl为单宁去除剂，柠檬酸为护色剂和酸味剂加工低糖保健型的石榴汁饮料，采用模糊综合评判法对其进行感官评价，并对工艺条件进行优化。研究的最佳工艺条件为甜味剂益寿糖的添加量为15%，单宁去除剂NaCl为0.10%，护色/酸味剂柠檬酸为0.20%。根据模糊综合评判法，此条件下所得石榴汁的感官质量最好。①

樊丹敏等以蒙自石榴为原料，开发营养丰富的石榴果汁，研究石榴果汁的加工工艺，为石榴的深加工提供一定的研究依据。石榴经去皮、护色、榨汁得到石榴原汁，通过一定的配比调配成石榴果汁。对石榴果汁加工过程及工艺参数进行研究，通过感官评分和方差分析确定石榴果汁配方及最佳加工工艺。结果表明，维生素C 0.01%、柠檬酸0.3%护色效果最好，石榴原汁25%、白砂糖12%、柠檬酸0.2%、苹果酸0.03%的配比得到的石榴果汁品质最佳。②

## 二、石榴果汁复合饮料

### （一）玫瑰花石榴汁复合饮料加工工艺

覃宇悦等以玫瑰花和石榴为主要原料研制复合饮料的加工工艺。玫瑰花与白砂糖以质量比2∶1混合制成玫瑰糖，自然陈化后进行萃取，得到风味独特的

---

① 石亚中，伍亚华，许晖，等. 低糖保健型怀远石榴汁的加工及其感官评价[J]. 食品工业科技，2013, 34(1): 210−212.

② 樊丹敏，兰玉倩，吕俊梅，等. 石榴果汁加工工艺研究[J]. 食品工业，2014, 35(7): 102−105.

玫瑰萃取液。以玫瑰花石榴汁复合饮料的感官评定为指标，通过正交试验进行优化，确定了最适宜的工艺参数为玫瑰萃取液 30 mL、石榴汁 60 mL、白砂糖 8%、柠檬酸 0.10%。①

### （二）红枣石榴汁复合保健饮料制作及其感官评价

袁铭等以怀远石榴和红枣为原料、益寿糖为甜味剂、柠檬酸为护色剂和酸味剂、黄原胶为稳定剂加工复合型保健饮料，采用正交试验结合模糊数学评判法进行感官评定。结果表明最佳工艺条件为石榴与红枣汁配比 3 ∶ 1，甜味剂 10%、柠檬酸 0.02%、黄原胶 0.20%。在该配方下所得红枣石榴汁复合饮料色泽美观、风味独特，有一定开发价值。②

### （三）石榴果汁菊花茶饮料的研制

高世霞以安徽怀远石榴和滁州贡菊为主要原料，将所得的石榴果汁与菊花浸提液进行调配，通过正交试验，制得一种既有石榴的酸甜口味又有菊花香味的果汁茶饮料。其配方为菊花浸提液 40%、石榴果汁 20%、白砂糖 12%、柠檬酸 0.10%。③

## 三、石榴茶复合饮料

果茶饮料是一种以茶叶为主要原料，佐以天然鲜果汁，按照适当的比例调配成具有一定香和味的混合制品。这种茶既具有茶香果味，酸甜爽口，又兼具营养、保健等作用，它符合现代人所追求的低热量、低脂肪、低糖的特点，集天然、健康、时尚于一身，是一种含有丰富营养、对人体有益的保健饮品。茶叶可以选用绿茶、红茶、乌龙茶、白茶、花茶等。

### （一）制备茶汁

将茶叶用 90 ℃～ 95 ℃ 的水浸提 3 ～ 5 min，然后过滤取汁，即为茶汁。

### （二）制备石榴果汁

将石榴清洗干净、去皮后用榨汁机榨取果汁，将榨取的果汁进行澄清和过

---

① 覃宇悦，孙莎，程春生，等．玫瑰花石榴汁复合饮料加工工艺 [J]. 食品与发酵工业，2012, 38(3): 173−175.

② 袁铭，王慧慧，伍亚华，等．红枣石榴汁复合保健饮料制作及其感官评价 [J]. 农产品加工，2018(12): 6−8, 13.

③ 高世霞．石榴果汁菊花茶饮料的研制 [J]. 饮料工业，2009, 12(4): 22−24.

滤，即为石榴果汁。

（三）混合、调配

将制备的茶汁和石榴汁按照一定的比例混合在一起，然后加入甜味剂、酸味剂、香精、色素等进行调配。

（四）杀菌、灌装

将调配好的饮料进行超高温瞬时灭菌，然后采用无菌灌装机进行灌装，封口。

## 四、石榴乳饮料

石榴乳饮料是指在牛乳或脱脂乳中添加石榴汁、砂糖、有机酸和稳定剂等，混合调制而成的饮料。具有色泽鲜艳、味道芳香、酸甜适口的特点。

（一）原料

石榴乳饮料的原料一般包括石榴果汁、原料乳、稳定剂、有机酸、白砂糖等。

（二）配方与产品规格

果汁乳饮料一般由 60% 左右的脱脂乳、3% ～ 7% 的白砂糖、3% ～ 6% 的果汁、0.3% 左右的柠檬酸以及适量的香料和食用色素调配而成。

（三）制造方法

果汁中含有有机酸，容易使蛋白质凝固而产生沉淀。想要有效地缓解和防止这一情况，除了添加稳定剂，还要严格注意配制顺序。

首先，将稳定剂与不少于稳定剂种类的 5 倍糖粉干混均匀，加入水溶解制成 2% ～ 3% 的溶液。待白砂糖溶于乳液后，在搅拌状态下将稳定剂溶液加入。为了使稳定剂能更均一地分散在乳液中，可先将加入稳定剂的乳液用胶体磨或均质机均质一遍，其温度最好冷却到 20 ℃ 以下。

其次，在搅拌状态下缓慢地喷洒果汁和柠檬酸，添加的果汁和柠檬酸的浓度要尽可能低，搅拌强度要大，添加速度要慢。

最后，添加完果汁和柠檬酸之后，再添加香精和色素，搅拌均匀后，将调配液加热至 50 ℃ 左右进行均质，压力为 18 ～ 25 MPa。均质可使稳定剂的效果得到充分发挥。均质后进行杀菌、灌装。

### （四）注意事项

提高色调稳定性。在乳成分中添加果汁形成中间色调，由于色调不鲜明，多数情况下需添加着色剂。添加抗坏血酸可提高色调稳定性。

提高浑浊度。乳蛋白质在酸性水溶液中为阳性胶体，果汁成分的果胶、多酚、色素等则以阴性胶体或具有阴性电荷的化合物存在，因此两种混合时溶液会产生凝聚沉淀。防止沉淀有多种方法，如加入增稠剂、除去果汁中的果胶物质、控制果汁与乳的混合比例等。

## 五、石榴豆乳饮料

豆乳是一种碱性饮料，深受人们欢迎。如果在其中加入果汁，风味会更好。但豆乳的主要成分是蛋白质，遇到果汁中的有机酸就会发生分层和沉淀，给制造果汁豆乳饮料带来困难。若在其中加入稳定剂，如果胶、羧甲基纤维素钠（CMC）等，可防止沉淀产生，使制品均匀稳定。生产注意事项如下。

### （一）果汁的预处理

制作果汁豆乳时，酸性环境中带正电的蛋白质与果汁中所含的果胶、单宁等带负电荷的高分子物质会发生凝聚沉淀。因此，应先用果胶酶或纤维素酶将果汁中残留的果胶或纤维素分解成低分子化合物，同时用明胶等澄清剂除去单宁。

### （二）选择适当的乳化剂和乳化稳定剂

由于蛋白饮料均有等电点问题，特别是含果汁的蛋白饮料中，既有蛋白质及果汁微粒形成的悬浮液、脂肪形成的乳浊液，又有以糖、盐等形成的真溶液，这类蛋白饮料在等电点附近容易引起凝聚和沉淀，并且易与果汁成分中的果胶、多酚、色素反应而凝聚沉淀。

特别是如果在蛋白质中直接添加有机酸或酸性果汁，蛋白质就会在等电点处形成高强度凝乳。因此，制作含果汁的蛋白饮料时必须选择适当乳化剂和乳化稳定剂。

### （三）注意调配时的添加顺序和添加方法

一般先用热水溶解乳化剂，然后稍加搅拌就可形成白色的乳状液，然后再将其同蛋白质和脂肪等成分充分混合，再进行均质。

### （四）调整果汁和蛋白乳浊液的浓度

以形成阴离子带电物质的双电层、增大蛋白质颗粒之间的静电排斥力、控制适当的杀菌温度等方法来提高石榴豆乳饮料中悬浮粒子的稳定性。

### 六、石榴杏仁饮料

张宝善等研制了一种石榴杏仁复合蛋白饮料，100 kg 产品采用的原料及其重量配比为石榴原汁 38 ～ 43 kg、杏仁原浆 38 ～ 42 kg、白砂糖 11 ～ 13 kg、柠檬酸 0.15 ～ 0.18 kg、复合乳化剂 0.13 ～ 0.18 kg、海藻酸丙二醇酯 0.14 ～ 0.16 kg、维生素 C 0.003 ～ 0.005 kg，自来水加至 100 kg。其制备步骤包括制备石榴果汁、制备杏仁浆、制备石榴杏仁复合蛋白汁、均质、脱气与装瓶、杀菌与冷却以及制作成品。①

李月对石榴杏仁复合蛋白饮料的加工工艺进行了研究，选用陕西省西安市临潼区生产的天红蛋石榴和陕西省吴起县生产的苦杏仁为原料，将风味清新、色泽鲜艳的石榴果汁和香气浓郁、营养丰富的杏仁浆进行风味和营养的互补，研制成一种新颖、独特的复合型植物蛋白饮料。本试验研究内容是石榴果汁的护色及澄清，苦杏仁的去皮和脱苦、磨浆，混合汁的稳定性，饮料的复合和调配，饮料的均质、杀菌等系列工艺。②

## 第三节　石榴发酵果汁饮料的制作

发酵饮料是指饮料原料通过微生物（乳酸菌、酵母菌、醋酸菌或其他我国允许使用的）菌种发酵后调配而成的饮料产品，并且乙醇含量不超过 1%。发酵饮料发展至今，先后经历了以发酵型含乳饮料为主的第一阶段和以果醋、格瓦斯、谷物发酵饮料、果蔬汁发酵饮料等为主的第二阶段。

石榴发酵果汁饮料是以发酵后的石榴汁或浓缩石榴汁制成的汁液、水为原料，添加或不添加其他原辅料和（或）添加剂的制品。主要包括乳酸菌发酵饮料、酵母菌发酵饮料和醋酸菌发酵饮料。

### 一、乳酸菌发酵果汁饮料

以乳酸菌为代表的益生菌能改善食品的风味、品质和营养，延长保质期，具

---

① 陕西师范大学．石榴杏仁复合蛋白饮料及其制备方法：CN200610041755.1[P]. 2006-07-26.

② 李月．石榴杏仁复合蛋白饮料的加工工艺研究 [D] 西安：陕西师范大学，2005.

有调节肠道菌群平衡、抗肿瘤、降低胆固醇、防治便秘、延缓衰老等重要的生理保健作用，被广泛应用于饮料行业。

乳酸菌发酵果汁饮料工艺打破了传统的发酵饮料都是以乳制品为原料经乳酸菌发酵而成的模式，而将乳酸菌发酵渗入果汁加工之中，制成集果品精华与乳酸菌功能为一体的新型饮料。

### （一）乳酸菌及其发酵类型

#### 1. 乳酸菌

乳酸菌是一群能利用碳水化合物（以葡萄糖为主）发酵产生乳酸的细菌的统称，常见和常用的主要有乳杆菌属、乳球菌属、链球菌属、双歧杆菌属、明串珠菌属、片球菌属、芽孢乳杆菌属和肠球菌属等。这里主要介绍乳杆菌属和链球菌属。

（1）乳杆菌属。

形态特征：细胞呈杆状，短链排列。革兰氏染色阳性，不运动，无芽孢。

生理生化特点：化能异养型，营养要求严格，生长繁殖需要多种氨基酸、维生素、肽、核苷酸衍生物等。最适 pH 值为 5.5 ～ 6.2，最适生长温度为 30 ℃～ 40 ℃。

①保加利亚乳杆菌。

形态：长杆状，两端钝圆。

菌落：在固体培养基上呈棉花状，易与其他菌区别。

能利用葡萄糖、果糖、乳糖等进行同型乳酸发酵产生 D– 乳酸，不能利用蔗糖。是乳酸菌中产酸能力最强的菌种，可产生乙醛，最适生长温度为 37 ℃～ 45 ℃。

②嗜酸乳杆菌。

形态：比保加利亚乳杆菌小，细长杆状。

能利用葡萄糖、果糖、乳糖、蔗糖进行同型乳酸发酵。生长繁殖需要维生素等生长因子。最适温度为 37 ℃，最适 pH 值为 5.5 ～ 6.0。

（2）链球菌属。

形态特征：细胞呈球形或卵圆形，成对或成链排列。革兰氏染色阳性，无芽孢。一般不运动，不产生色素。

生理生化特点：化能异养型，同型乳酸发酵产生右旋乳酸。兼性厌氧型，厌氧培养生长良好。

①嗜热链球菌。

形态：链球状。

能利用葡萄糖、果糖、乳糖、蔗糖进行同型乳酸发酵产生 L- 乳酸。可产生双乙酰。能在高温下产酸，最适生长温度为 40 ℃～ 45 ℃。耐热性强，能耐 65 ℃～ 68 ℃ 的高温。

②乳酸链球菌。

形态：双球、短链或长链状。

产酸能力弱。10 ℃～ 40 ℃ 均产酸，最适生长温度为 30 ℃。对热的抵抗力弱，在 60 ℃ 的条件下 30 min 就会全部死亡。

2. 乳酸发酵类型

（1）同型乳酸发酵。乳酸菌以葡萄糖为底物通过糖酵解途径（EMP 途径）降解为丙酮酸，丙酮酸在乳酸脱氢酶的催化下还原为乳酸。同型乳酸发酵的产物只有乳酸而不产生气体和其他产物。

（2）异型乳酸发酵。葡萄糖经磷酸戊糖途径（HMP 途径）发酵后除主要产生乳酸外还产生乙醇、乙酸、二氧化碳等多种产物的发酵。

### （二）生产过程

1. 原料及处理

（1）原料的选择。应选用新鲜完好的石榴，成熟度应恰当，风味良好，酸度适中。为了保证果汁的质量，必须对原料进行挑选，剔除霉烂、受伤、变质和未成熟的果品。

（2）清洗。石榴清洗的方法可分为手工清洗和机械清洗两大类。手工清洗简单易行，设备投资少，但劳动强度大，不能连续化作业而且效率低。机械清洗是目前普遍采用的方法并多数已实现连续化操作，整个清洗过程包括流水输送、浸泡、刷洗、高压喷淋 4 道工序。

（3）去皮。石榴去皮可采用手工进行去皮，也可采用专用的石榴去皮机进行去皮。

（4）取汁。多采用压榨法取汁，压榨法取汁是利用外部的机械挤压力，将果汁从果实中挤出而取得果汁的，是果汁饮料生产中广泛应用的一种取汁方式。常用的设备有手工榨汁机、螺旋榨汁机和气囊榨汁机。

（5）果汁调整。制备好的果汁 pH<4.5 时，可按果汁加入量的 3% 加入硅藻土（粒状）降酸，常温下搅拌 20 min，静置 40 min 后进行过滤。如果滤液浑浊不清，可再静置过滤，直至汁液清澈为止。

在果汁中加入白砂糖或葡萄糖以及 3% 乳糖，调整可溶性固形物至 8% ～ 10%，能确保乳酸菌在果汁中充分发酵。

（6）果汁灭菌。将制备的石榴果汁在 100 ℃ 的温度下灭菌 15 min 或 135 ℃ 的温度下灭菌 5 s。

2. 发酵剂的制备

将牛奶分装于试管、三角瓶和种子罐，115 ℃ 灭菌 15 min，冷却，将菌种接种于牛乳试管中于 40 ℃ 条件下进行培养，凝乳后将 1% 接种量接种于三角瓶中，于 40 ℃ 条件下进行培养，凝乳后以 2% ～ 3% 量接种于种子罐，于 40 ℃ 条件下进行培养，即可作为生产发酵剂。

3. 接种与发酵

将牛乳培养的乳酸菌种子依据果汁总量 3% 加入，搅拌后密封发酵，发酵温度应保持在 35 ℃ 左右，当菌数达到 $5 \times 10^8$/mL 时，可终止发酵。

4. 调配、灌装

发酵结束后，将发酵液进行过滤，用无菌水调 pH 值在 3.3 ～ 3.5，调糖度在 7% ～ 10%，适当加入香精。

## 二、无醇及低醇发酵果汁饮料

酒精含量≤ 0.5% 的发酵石榴果汁饮料称为无醇发酵果汁饮料，0.5%< 酒精含量≤ 1% 的则称为低醇发酵果汁饮料。

### （一）酿造原理

无醇及低醇发酵果汁饮料的酿造原理同石榴果酒，就是利用酒精发酵，主要依靠酵母菌的作用，酵母菌能将石榴中的糖分解为乙醇、二氧化碳和其他副产物。酒精发酵产酒量比较高，酒精的含量超过 1%。因此，要生产无醇及低醇发酵果汁饮料，就要有一定的工艺限制酒精的生成或将多余的酒精除掉，使酒精的含量低于 1%。

### （二）酿造工艺

无醇及低醇发酵果汁的生产工艺分为两类，一类为限制发酵工艺，另一类为酒精脱除工艺。

1. 限制发酵工艺

限制发酵工艺是指通过控制发酵过程中酒精的生成来达到低醇的要求。

（1）中止发酵法。将酵母菌种接入果汁，经部分发酵后采用冷却发酵液充 $CO_2$ 或超滤等方法适时中止发酵。

（2）低温发酵法。利用低温抑制产香酵母的活性，使产酒功能减弱，同时保持果汁的天然芳香。

（3）特种酵母法。采用专用的产香酵母，达到产酒低、产香高的工艺要求。由于不同产香酵母会赋予果汁不同的风味特征，所以可根据果汁的特点选用合适的产香酵母，为了使香味协调，常采用2～3株产香酵母混合发酵。

2.酒精脱除工艺

发酵后采用蒸馏、蒸发、渗析或反渗透等分离措施除去发酵产物中的酒精，使之达到低醇或无醇的要求。

### 三、醋酸发酵果汁（果醋）饮料

果醋是以水果为原料，利用现代生物技术酿制而成的一种营养丰富，风味优良的酸味调味品。它兼有水果和食醋的营养保健功能，是一种集营养、保健、食疗等多种功能为一体的新型饮品。果醋能促进身体的新陈代谢，调节酸碱平衡，消除疲劳，含有十种以上的有机酸和人体所需的多种氨基酸。

石榴果醋发酵饮料是以石榴果实为原料，经过两个阶段发酵而成。第一个阶段为酒精发酵阶段，即果酒的发酵；第二个阶段为醋酸发酵阶段，利用醋酸菌将酒精氧化为醋酸，即醋化作用。如果以石榴酒为原料，则只进行醋酸发酵。

果醋饮料是以果醋为基料，添加水、果汁、色素、香精等调配而成的饮料。果醋饮料的发酵同果醋，此处不再进行介绍，主要的工艺就是果醋饮料的调配。

## 第四节　石榴果汁型固体饮料的制作

### 一、果汁型固体饮料的概念

果汁型固体饮料是以糖、果汁、食用香精、着色剂等为主要原料制成的水分低于5%的制品，用水冲溶后，具有该品种应有的色、香、味等。若将其用8～10倍的冷、热、开水冲溶后饮用，就如同饮用鲜果汁一般，酸甜可口，使人感觉舒适和愉快。如果将其放置在冰箱中冷却后再饮用，口感会更加凉爽怡人。

## 二、石榴果汁型固体饮料的原辅料

### （一）石榴果汁

石榴果汁是生产果汁型固体饮料的主要原料，果汁含量一般为 20% 左右，除了能够使产品具有鲜果的色、香、味外，还可为人体提供必需的营养素，如糖、维生素、无机盐等。

### （二）甜味剂

甜味剂是果汁型固体饮料的基本原料，是该类产品的主体。使用甜味剂不仅可以赋予产品一定的甜度，还可以使产品具有一定的品质和营养功能。最常用的甜味剂是蔗糖，原因是蔗糖价格低廉，货源充足、保管容易，工艺性能比较好。蔗糖必须外观洁白、干爽，晶体大小基本一致，无杂质，无异味，应保存于干燥处。

### （三）酸味剂

酸味剂是果汁型固体饮料的重要原料，能使产品具有酸味，起到调味、促进食欲的作用。柠檬酸、苹果酸、酒石酸均可作为酸味剂，其中最常用的是柠檬酸，其酸味比较纯正平和，货源比较充足。柠檬酸一般为白色结晶，容易受潮和风化，宜存于阴凉干燥处，注意加盖避免受潮，一般用量 0.7% ～ 1%。

### （四）香精

香精能够使产品具有石榴鲜果的香气和滋味，必须溶解于水并且香气浓郁而无刺激，一般用量为 0.5% ～ 0.8%。

### （五）果汁

果汁是果汁型固体饮料的主要原料。除了能够使产品具有石榴鲜果的色、香、味外，还提供人体必需的营养素，如糖、维生素、微量元素等。要对果汁进行浓缩，一般要求浓度达到 40 波美度。产品中鲜汁含量一般为 20% 左右。

### （六）食用色素

食用色素能够使产品具有与鲜果相应的色泽和真实感，从而提高商品价值。

### （七）麦芽糊精

麦芽糊精是白色粉末状，由淀粉经低度水解、净化、喷雾干燥而成，为 D-葡萄糖的一种聚合物，主要成分是糊精。麦芽糊精可以用来提高饮料的黏稠性和降低饮料的甜度，也具有浑浊剂的作用，与色素、香精等以适当的比例配合使用，能够使产品的透明感消失，外观给人以鲜果汁的真实感。如果饮料需要较高甜度或需保持透明清晰时，则不必添加麦芽糊精。

## 三、石榴果汁型固体饮料的生产

### （一）生产工艺流程

选料→清洗→去皮→取汁→过滤→浓缩→配料→造粒→干燥→过筛→包装→成品。

### （二）操作要点

1. 选料、清洗

选用新鲜、饱满、完整、成分成熟的石榴，用清水洗掉其表面的泥土、污物。

2. 去皮

采用人工或机械手段将石榴去皮。

3. 取汁

将去皮后的石榴籽用榨汁机进行取汁。

4. 过滤

取汁后的汁液中含有不少杂质和大的果肉颗粒，用过滤机进行过滤。

5. 浓缩

对过滤后的果汁立即进行浓缩，可采取常压浓缩或真空浓缩。常压浓缩是在不锈钢夹层锅内进行，保持蒸汽压力为 0.25 MPa，并不断进行搅拌，以加快蒸发，防止焦化。在可溶性固形物为 60% 时即可出锅。真空浓缩法是在真空浓缩锅内进行，浓缩时保持锅内真空度为 60 ～ 87 kPa，蒸汽压力为 0.15 ～ 0.20 MPa，果汁温度为 50 ℃～ 60 ℃。

6. 配料

先将干燥的白砂糖用粉碎机进行粉碎，成为能过 80 ～ 100 目筛的细粉。然后把浓缩果汁、糖分、麦芽糊精按 2 ∶ 10 ∶ 1 的比例混合搅拌均匀，可加入少量柠檬酸以提高风味。

7. 造粒

将混合均匀和干湿适当的坯料放进颗粒成型机内造型，使其成为颗粒状态。颗粒的大小与成型机筛网孔眼的大小有直接的关系，必须合理选用。一般以

6～8 目为宜。造型后的颗粒坯料由出料口进入盛料盘。

8. 干燥

将盛装在盘子中的坯料轻轻地摊匀铺平，然后放进干燥箱中干燥。烘干温度应保持在 80 ℃～85 ℃，干燥时间为 2～3 h，中间应搅动几次，使其受热均匀，加速干燥。为了尽量保持营养成分和风味，采用真空干燥更好，干燥时真空度为 87～91 kPa，温度为 55 ℃左右，时间为 30～40 min。

9. 过筛

将完全烘干的产品过 6～8 目筛子进行筛选，除去较大颗粒与少数结块的颗粒，保持产品颗粒基本一致。

10. 包装

将通过检验后的产品凉至室温后进行包装。如果在品温较高时包装，则产品容易回潮变质，从而影响贮藏期。

## 第五节　石榴果汁碳酸饮料的制作

### 一、石榴果汁碳酸饮料的定义

石榴果汁碳酸饮料是指石榴原汁含量不低于 2.5% 的碳酸饮料。因其含有二氧化碳气体，所以口味突出、口感强烈，能让人产生清凉爽口的感觉，是人们在炎热的夏天消暑解渴的优良饮品，且有一定的营养价值，属于高档汽水，是应大力发展的品种。

### 二、石榴果汁碳酸饮料的原料与辅料

碳酸饮料的主要原料是调味糖浆、二氧化碳和水。

调味糖浆是由甜味剂、酸味剂、香精、色素以及防腐剂等调配而成。

汽水内容物分为四部分：第一部分是水，占 90% 以上，它除了有解渴效果外，还是风味物质的载体；第二部分是糖，它赋予汽水以甜味和浓厚感；第三部分是二氧化碳，它赋予汽水以清凉的感觉；第四部分是汽水主剂，是赋予汽水主

要风味的其他添加剂。

在生产过程中，汽水主剂是汽水的主要成分，它对汽水质量的好坏起着决定性的作用。使用汽水主剂是饮料工业发展的趋势。汽水主剂的组分中有香味剂、酸味剂、防腐剂和其他添加剂等，通常分为粉末和液体两类。粉末类组分主要包括酸味剂、防腐剂和其他辅料；液体类组分主要是香味剂。一定量的粉末和液体组分构成汽水主剂的一个单位，一个单位的汽水主剂可以满足灌装 2 t 汽水成品的需要。

使用汽水主剂生产汽水时，只要把汽水主剂按照主剂配料要求，全部加入经过消毒过滤的糖液中，配制成汽水主料，再经混合配比器和碳酸水混合后，就可以灌装。如果直接供给汽水主料，则只需混合灌装即可。使用汽水主剂主要有以下作用。

一是保证产品质量的稳定。汽水主剂生产厂是汽水配料生产方面的专业化工厂，它负责汽水主剂中所有添加剂的采购、检验和加工，能够保证主剂成品质量的稳定，从而就保证了汽水产品质量的稳定。

二是简化灌装厂的工作。使用汽水主剂生产汽水，灌装厂就可以省去采购、检验、贮藏、保管汽水原料的许多工作，也简化了生产过程，灌装厂可以更加专注于提高灌装生产技术。

三是促进新产品的开发。汽水主剂厂因为主要生产主剂，所以着重于研究新品种主剂的开发，从而能够及时开发市场所需求的新产品。

四是发挥最大的品牌效应。主剂形式的汽水生产是主剂厂和灌装厂联合的生产形式。灌装产品大量使用主剂生产厂家的品牌，就会充分在市场上发挥品牌的效应，使各灌装厂均收到良好的经济效益。

## 三、生产工艺流程类型

石榴果汁碳酸饮料的生产工艺类型有两种，一种是将调味糖浆和碳酸水定量混合后，再灌入包装容器中，称为预调式，又称为一次灌装法；另一种是配好调味糖浆后，将其灌入包装容器，再灌装碳酸水（充入二氧化碳的水），称为现调式，又称为二次灌装法。

### （一）预调式工艺流程（一次灌装法）

碳酸饮料一次灌装生产工艺如图 2–10 所示。此法多为大、中型饮料企业所采用。

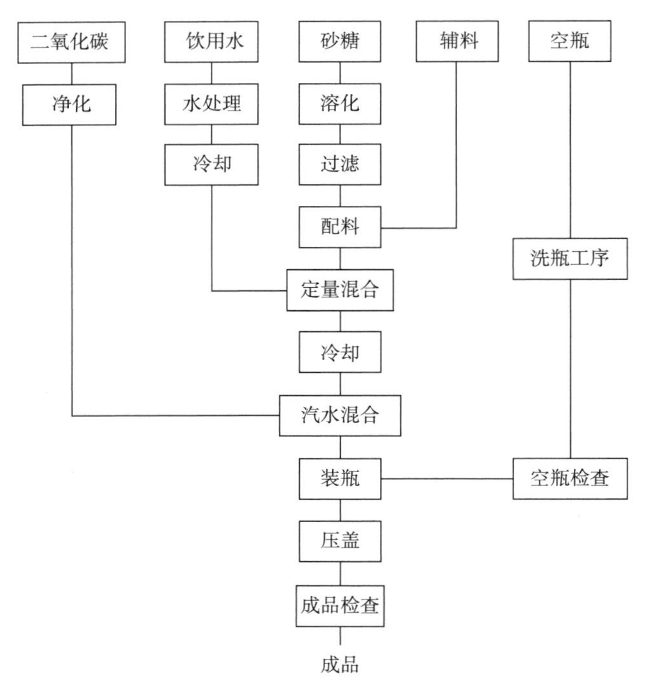


图 2-10　碳酸饮料一次灌装生产工艺

1. 主要优点

（1）含气量易于控制。

（2）灌装时糖浆和水的混合比例较准确，不因容器的容量而变化，产品质量一致。

（3）不易产生泡沫喷涌。

（4）调和机价格低。

2. 主要缺点

（1）不适宜进行带果肉碳酸饮料的灌装，果肉易堵塞混合机喷嘴。

（2）设备较复杂，且混合机与糖浆直接接触，对洗涤与消毒要求较严格。

**（二）现调式工艺流程（二次灌装法）**

碳酸饮料二次灌装生产工艺如图 2-11 所示。中、小型规模的饮料厂采用二次灌装法较为适宜。

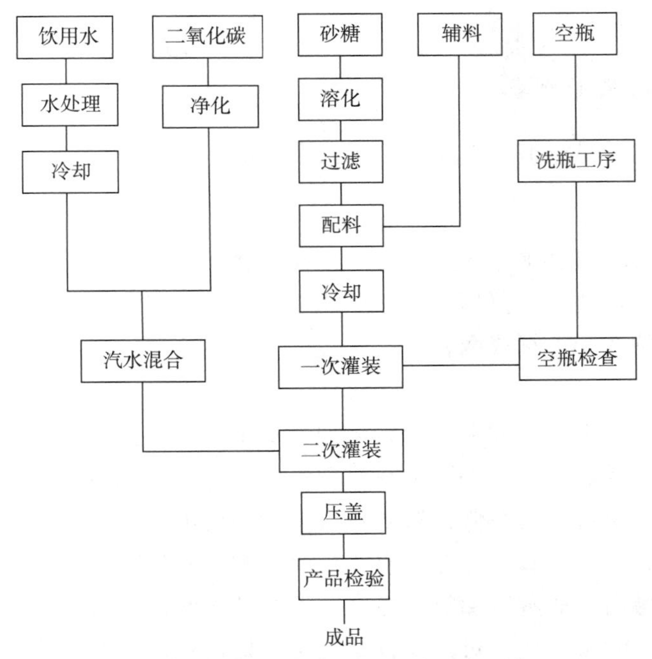


图 2-11　碳酸饮料二次灌装生产工艺

1. 主要优点

（1）灌装系统较为简单。

（2）灌装时糖浆和水各成系统，便于分别清洗，分别控制微生物。

2. 主要缺点

（1）只有水被碳酸化，而糖浆未经混合机，没有被碳酸气饱和，两者接触时间短，气泡不够细腻，调成成品饮料后含气量降低。因此，必须提高碳酸水的含气量。

（2）糖浆与碳酸水温度不一致，在灌水时，容易激起大量泡沫，不易灌满。因此，需要将糖浆进行冷却，使其接近碳酸水的温度。

（3）容器改变后必须调整加料量，且容器规格不一时产品质量不稳定。

## 四、主要工艺操作要点

在生产中，经常将砂糖制备成较高浓度的溶液，称为原糖浆。再在原糖浆中添加果汁、甜味剂、酸味剂、香精、色素、防腐剂等各种配料，并充分混匀，制得调味糖浆。糖浆配制的好坏直接影响产品的一致性和质量，糖浆配制成分不同，生产出的饮料风味也不同。石榴果汁碳酸饮料的调味糖浆中添加了石榴果汁，因此具有石榴风味。

### （一）原糖浆的制备

原糖浆的制备是碳酸饮料生产中极为重要的工序。

#### 1. 制备过程

制备原糖浆时，必须用质量良好的砂糖，将其溶解于一定量的水中，制成预计浓度的糖液，过滤、澄清后备用。所用水必须为经过处理合乎要求的水。砂糖的溶解分为间歇式和连续式两种。

（1）间歇式。

①冷溶法。就是在室温下，把砂糖加入水中不断搅拌以达到溶解糖的目的的方法。冷溶法的优点在于省去了加热过程，成本低，能保持蔗糖的清甜味；缺点是溶糖时间长，设备利用率低，对防止微生物污染不利。

②热溶法。又分为蒸汽加热溶解和热水溶解。蒸汽加热溶解是将水和砂糖按比例加入溶糖罐内，通蒸汽加热，在高温下搅拌溶解。该方法的优点在于溶糖速度快，可杀菌，能量消耗相对较少；缺点是直接通蒸汽到溶糖罐内后，蒸汽会冷凝而带入冷凝水，使糖液浓度和质量受到影响。热水溶解是边搅拌边把糖逐步加入热水中溶解，然后加热杀菌、过滤、冷却。该方法的优点是避免了用蒸汽加热时会出现的糖在锅壁上的黏结，采用 50 ℃～55 ℃ 热水能减少蒸汽给操作带来的影响。

（2）连续式。砂糖的连续式溶解是指糖和水从供给到溶解、杀菌、浓度控制和糖液冷却都连续进行。该方法的优点有生产效率高、全封闭、全自动化操作、糖液质量好、浓度误差小，但缺点为设备投资大。

（3）糖液的过滤。将砂糖溶解于水后必须进行严格的过滤，除去糖液中许多细微杂质。小型生产厂可以采用自然过滤法，方法简单易行，即用锤形厚绒布滤袋，内加纸浆滤层。大型生产厂常采用不锈钢板框过滤机或硅藻土过滤机过滤。

为保证过滤质量和过滤速度，用板框过滤机过滤糖浆时，需加入硅藻土或纸浆作助滤剂，助滤剂于糖浆溶化后加入，然后用泵加压循环通过过滤机，形成均匀的滤层。经滤层滤过后，去除了杂质的糖液变得澄清透明。硅藻土过滤机性能稳定、适应性强、过滤效率高，可获得很高的滤速和理想的澄清度。在对它的正常操作中十分重要的一环就是形成均匀的硅藻土预涂层，从而保证糖液过滤后澄清透明。

若砂糖质量较差则在过滤前必须用活性炭进行净化处理。处理方法为将活性炭加入热的糖浆中，活性炭用量根据糖及活性炭质量而定，一般为糖质量的

0.5%～1%，添加时用搅拌器不断搅拌，在 80 ℃ 下保持 15 min，然后过滤。

2. 原糖浆浓度的测定

要测定糖浆的浓度，可使用比重计测定法和白利度测定法。

（1）比重计测定法。比重计测定法操作简便、快速，准确性较高。具体操作为将糖液盛放于玻璃量筒中，使比重计浮于糖液中，糖液面在比重计上所显示的读数即为糖浆浓度。如果要测定碳酸饮料中糖的浓度，必须先使饮料中的二氧化碳完全逸出，然后再进行测定。在读数时，观察视线要与液面平行，读出半月形最低点的刻度的读数。

测定糖液的浓度还需同时测定其温度。一切液体的浓度都会因温度不同而异。温度变化，则液体的容积也随之发生变化。

（2）白利度测定法。白利度（°Bx）是通用的检测含糖量的标度，指含糖量的质量百分率，如白利度 55°Bx 即为 100 g 糖液中含糖 55 g。

3. 原糖液配制中糖和水量的计算

要生产各种浓度的原糖浆，只需知道糖和水的重量，或知道糖浆浓度及容积，即能求出所需的糖和水的重量。

例：生产白利度 55°Bx 的糖浆，1 kg 糖需要多少水?

糖与水的质量比为 55 ：45=1 ：X

X=0.818，即需要 0.818 kg 或 0.818 L 水。

### （二）调味糖浆的制备

调味糖浆是由在制备好的原糖浆中加入香精和色素等物料而制成的可以灌装的糖浆。在调配调味糖浆时，应根据配方要求，正确计量每次配料所需的原糖浆、香料、色素和水，将各种物料溶于水后分别加入原糖浆中。

1. 各种原料的添加顺序

配料时要注意加料顺序，先将所需的已过滤的原糖浆投入配料容器中，此容器应为不锈钢材料，内装搅拌器，并有容积刻度标志。在不断搅拌原糖浆时，将各种原料逐一加入。其添加顺序和操作如下。

（1）原糖浆：测定其糖度及体积。

（2）防腐剂（25%）：称量防腐剂并溶解。

（3）甜味剂（50%）：用温水溶解后投入。

（4）酸溶液：50% 的柠檬酸溶液。

（5）果汁：以含 10% 果汁为基准。

（6）香精：加入水溶性的香精。

（7）色素：用热水溶化后制成5%的水溶液。

（8）加水至规定容积。

2. 糖浆注入量及配料用量

糖浆注入量是容器的1/7～1/5，注入量稍有误差就会对制品的味道有相当大的影响。注入量太多会太甜，会使成本上升；注入量太少会太淡，使饮料缺乏风味，只有控制好注入量才能使成品的质量稳定。一般工厂使用的糖浆，其浓度为50°Bx～67°Bx，用1份糖浆和5份碳酸水或4份碳酸水的配比制造碳酸饮料。

饮料中的含糖量、含酸量及香精用量是饮料配方设计的重要组成部分。石榴果汁碳酸饮料参考含糖量为10%～14%，柠檬酸量为0.85 g/L，香精参考量为0.75～1.5 g/L。

### （三）调和

1. 调和方式

调和方式分为预调式和现调式，即一次灌装法和二次灌装法。

2. 调和设备

（1）配比泵。连锁两个活塞泵，一个进水，另一个进糖浆。活塞筒直径有大有小，可以调节进程，达到两个流体的流量按比例调和。

（2）孔板。控制料槽两个液面等高，即静压力约相等，两槽下面的管口直径相等，但管内以不同直径孔板控制流量，孔板可以替换改变孔径。现已改为节流阀，可以随时调节两种液体的流量。调和后以一混合泵打入混合机。

（3）注射器。在恒定流量的水中注入一定流量的糖浆，再在大容器内搅拌混合。新型的流量控制是用电子计算机。电子计算机根据混合后饮料糖度测试的数据来调整水流量和糖浆流量（调节两者管道中的可变直径孔板阀来完成），以达到正确的比例。

### （四）碳酸化

水或调配好的饮料吸收碳酸气，即二氧化碳和水混合的过程即为碳酸化作用，用于碳酸化的设备称为碳酸化器或汽水混合机。

1. 二氧化碳在碳酸饮料中的作用

二氧化碳是碳酸饮料生产中不可缺少的成分，它虽然在饮料中所占的比例很小，但作用却很大，没有它就不成为碳酸饮料，它的主要作用如下。

（1）清凉作用。饮料中二氧化碳的汽化能够吸收和带出人体内部的部分热量，使人感到清凉。

（2）阻碍微生物的生长。饮料瓶中充满碳酸气并具有一定的压力，能抑制微生物的生长，延长饮料的保存期。

（3）突出香气。二氧化碳在汽水中逸出时，能带出香味，增强口感和风味。

（4）具有特殊的杀口感。饮用碳酸饮料时，二氧化碳对口腔产生刺激性的杀口感，能使人产生愉悦的感觉。

2. 二氧化碳在水中的溶解度

在一定压力和温度下二氧化碳在水中的最大溶解量称为二氧化碳在水中的溶解度。在汽水中的溶解量计算单位为溶解倍数，即在标准压力和标准温度下 1 体积的水所能溶解二氧化碳的体积量，如在一定条件下，二氧化碳的密度约为 2 g/L，如果瓶子的容积为 250 mL，汽水的含气量为 3 倍时，那么二氧化碳的质量应为 0.25 L × 3 × 2 g/L=1.5 g。

碳酸饮料生产中，二氧化碳的溶解量为在 0.1 MPa 压力下，15.56 ℃ 时，1 体积的水可以溶解 1 体积的二氧化碳气，称为 1 气体体积，即二氧化碳在水中的溶解度数值约为 1。

由亨利定律可知，在一定温度和平衡状态下，气体在液体里的溶解度（用摩尔分数表示）和该气体的平衡分压成正比，所以在饮料工艺设计上，可以按饮料的含气量要求，加上生产过程中的二氧化碳损耗部分来确定水与二氧化碳的混合倍数；选择出适当的水温，便可确定混合压力和灌水压力。例如，绝对压力 = 表压 +1，所以在 15.56 ℃、0.1 MPa 时，表压应大致为 0；$CO_2$ 的溶解倍数也可以表示为倍数 = 表压 +1。如果在 15.56 ℃ 检测汽水的表压为 0.2 MPa，则溶解倍数 =2+1=3 倍。

3. 影响二氧化碳溶解度的因素

在碳酸饮料生产中，二氧化碳与水混合的压力通常控制在 0.8 MPa 以下。在该压力下，气体的溶解度仍服从亨利定律和道尔顿定律，即二氧化碳的溶解度和二氧化碳的分压成正比，如式（2–4）所示。

$$C=\mathrm{H}p_1 \qquad (2\text{–}4)$$

式中：$C$ 为二氧化碳的溶解度（g/100mL）；H 为亨利常数；$p_1$ 为二氧化碳分压（kPa）。

以下为影响碳酸化的主要因素。

二氧化碳的分压。在温度一定时，该压力越大，溶解度越大。

水的温度。当压力一定时，温度越低，溶解度越大。

气液两相接触的表面积。接触面积越大，溶解度越大。

气液两相接触的时间。接触时间越长，溶解度越大。

水中的空气含量。空气在水中稍有溶解，在单位容积的水中溶解的空气与压力、温度有关。实验证明：溶解 1 容积的空气所需产生的压力与溶解 50 容积的二氧化碳所产生的压力相同。

4. 碳酸化原理

碳酸化过程实际上就是将二氧化碳溶解到饮料中的过程。碳酸化是碳酸饮料生产的重要步骤，碳酸化程度直接影响产品质量。

碳酸化作用是在压力作用下，将二氧化碳气与水混合，化合成碳酸，其反应式为

$$CO_2+H_2O \longrightarrow H_2CO_3$$

5. 碳酸化系统

碳酸化系统一般是由二氧化碳气调压站、水冷却器、汽水混合机组成。

（1）二氧化碳气调压站。它是一个将二氧化碳气的压力调节至混合机所需压力的设备。在生产中最常用的是液体二氧化碳，当打开贮罐阀门时二氧化碳立即汽化，其压力可达 7.8 MPa。最普通的调压站只用一个减压阀，通过可调节的减压阀就可把二氧化碳的压力调节到混合机所需要的压力。当二氧化碳不需要净化时，必须经调压站才能送往混合机。

对于工业二氧化碳，即使纯度能达到近 99%，也还会带有少量的有机杂质并伴有异味，如发酵碳酸气会有酒精味。所以二氧化碳在进入碳酸化器前要先经过净化处理。

钢瓶中的二氧化碳经减压阀减至一恒定的压力后，输送至活性炭过滤器。为了使二氧化碳均匀地通过过滤介质，过滤器底部设一多孔管将其分散开来。经活性炭过滤的二氧化碳由过滤器上部的出口，经管道输送至高锰酸钾洗涤器。二氧化碳由洗涤器底部进入，经多孔管分散，再通过一定浓度的高锰酸钾溶液，最后从洗涤器上部出口送至混合器使用。也可在该洗涤器内设计一喷头，将高锰酸钾溶液用泵加压，在洗涤器内由上而下喷成雾状与二氧化碳充分接触。

（2）水冷却器。水冷却器主要是将水温降到碳酸化所需要的温度。目前多采用板式热交换器，一般放在混合机前或脱气机前，也可以放在混合机后作为二次冷却用。

（3）汽水混合机。汽水混合机是混合水和二氧化碳的设备。二氧化碳溶于水中需要一定的作用时间，两者之间接触面积较大既可使作用时间缩短，又可保证

水对二氧化碳的吸收。汽水混合机通常都能够使汽水接触面积较大，并能维持汽水混合时的压力。汽水混合机的混合形式有薄膜式、喷雾式和喷射式等三种。

①薄膜式混合机。使用此种混合机时，碳酸化过程在一个密闭的二氧化碳压力容器中进行。二氧化碳经阀门向该密闭容器输送，充满整个容器，内压控制在 0.4 ～ 0.6 MPa。经过冷却的水用泵压入容器内，由一直立管上口溢出。在直立管上固定有几组一反一正扣在一起的圆盘（成膜圆盘），溢出的水均匀落在圆盘表面上，形成一层层较薄的水膜，这些水膜的表面积就是二氧化碳和水的接触面积。在水成膜状流过的过程中，碳酸化完成。碳酸水由碳酸化器的底部出口流出，被送往灌装机。

②喷雾式混合机。要使二氧化碳尽快地溶解于水中，在温度和压力一定时，应尽量增加其接触面积，喷雾法是增大接触面积的最有效的方法之一。

喷雾式碳酸化的过程是在密闭的罐中安有几只雾化器，罐中充满二氧化碳。由泵压入的水通过竖直装在罐内水管顶部的雾化器时，即被物化成直径极小的雾滴，与二氧化碳进行充分混合。常用的雾化方法有两种：离心喷雾法和压力喷雾法。

③喷射式混合机。喷射式混合机是一种生产能力较大，结构新颖的汽水混合机。在大型饮料厂中使用较多。

这种混合机内部结构是一根管径有变化的管子，其中部有锥形窄通路（锥形喷嘴）。锥形喷嘴连接二氧化碳入口。当加压的水流经此处时，由于截面逐渐缩小，流速加快，液体压力降低。流速越大，压力越低，所以在锥形喷嘴处的压力最低。二氧化碳通过管道进入，由于此处压力很低，二氧化碳便被不断吸入。当这种混合液离开锥形喷嘴进入扩大管时，周围的环境压力与液体的内部压力会形成较大的压差，为了维持平衡，液体爆裂成细小的液滴，扩大了与管内二氧化碳的接触面积，提高了碳酸化效果。混合后的液体经管道贮存在混合容器中。

喷射式混合机的种类较多，结构也稍有差异，但其工作原理相同。

### （五）灌装生产线及操作要点

#### 1.容器的清洗与检验

（1）容器的清洗。由于碳酸饮料灌装后不再杀菌，所以容器的干净与否直接影响产品的质量和卫生指标。对一次使用的易拉罐、聚酯瓶等，由于包装严密，出厂后无污染，所以不需要清洗，或用无菌水洗涤喷淋即可用于生产。回收的玻璃瓶往往比较脏，瓶内残留的微生物较多，所以需要清洗。洗涤的目的就是将空瓶清洗干净，并消毒后使用。洗涤后的玻璃瓶必须满足下列要求：空瓶内外清洁无味，瓶口完整无损；空瓶不残留余碱及其他洗涤剂；瓶内经微生物检验，不发现大肠杆菌，细菌菌落数不超过 2 个 /mL。

（2）洗瓶的步骤。目前饮料厂洗瓶的方法可分为手工洗瓶、半机械洗瓶和全自动洗瓶三种。洗瓶的基本方法是浸泡、喷射、刷洗三种。具体过程如下。

①浸泡。将瓶子浸没于一定浓度、一定温度的洗涤剂或烧碱液中，利用它们的化学能和热能来软化、乳化或溶解黏附于瓶上的不清洁物，并加以杀菌。为达到清洗和杀菌的要求，碱液浓度与温度、浸泡时间应根据瓶子的脏洁程度、瓶子的耐温情况、洗瓶设备运转速度来调节。一般浸泡条件为碱液浓度 2% ～ 3.5%，碱液温度 55 ℃～ 65 ℃；浸泡时间一般为 10 ～ 20 min，最少 5 min。应注意：温度每 0.5 h 需检查 1 次，碱液每班需检测 2 次，以确保其浓度在所需要范围之内。氢氧化钠溶液会侵蚀皮肤，且操作时易溅入眼内，应注意防护。

②喷射。洗涤剂或清水在一定的压力（0.2 ～ 0.5 MPa）下，通过一定形状的喷嘴对瓶内外进行喷射，利用洗涤剂的化学能和动能来去除瓶内（外）污物。但若洗液流量太大，洗涤剂会发泡，需添加消泡剂。

③刷洗。用旋转刷子将瓶内污物刷洗掉。瓶口向下，用无菌水冲洗空瓶内部，喷眼应保持通畅，压力要保持 1 MPa，冲洗时间不少于 5 ～ 10 s。刷洗结束后，再将瓶子倒置，将水沥出。

④验瓶。已清洗过的瓶子在灌装前还应经过检验，检出那些不清洁和有破损、裂纹及瓶型不合要求的瓶子，以保证饮料不被污染和避免灌装时的爆瓶现象。一般采用空瓶电子检查机和人工检查相结合的方法。

2. 灌装系统及操作要点

灌装系统要完成灌糖浆、灌碳酸水和封盖三个工序。它是碳酸饮料生产的关键部分。

（1）灌装系统的主要技术要求。

①糖浆和水的比例正确。一次灌装法中，要保证配比器正确运行。要注意瓶子的容量也会影响两者的比例。

②保持合理一致的灌装高度。二次灌装法中，饮料的灌装高度不一致就意味着瓶内糖浆和水的比例不一致，产品的质量有偏差。此外，还会有其他的影响，如灌太满则在温度升高时由于饮料受热膨胀，压力会增加，容易造成漏气和容器破裂；太低则会影响产品的外观。

③达到预期的二氧化碳含气量。

④封盖应密封严密，以保证内容物的质量。不论是皇冠盖还是螺旋盖都要密封严密，不应使容器有任何破坏，金属罐的卷边应符合规定要求。

⑤灌装设备性能稳定，便于控制和维修。

（2）灌装要点。

①灌装原理。多数生产碳酸饮料的工厂都使用等压灌装法。灌装是在高于大气压的条件下进行，贮液缸里保持一定的工作压力，灌装时，先要对瓶内充气加压，当其与贮液缸内压力相等时，料液以自重流入瓶子内，完成灌装。

灌装机通往瓶子有三条通路：进气管、进料管和排气管。先开启进气管，料管上的压力气体（由通入的二氧化碳和无菌压缩空气组成）立即往下流，使瓶中压力与料液罐内的压力相等，这时再打开进料管，饮料流下，直到瓶内液位与进料管相平为止。最后开启排气管，瓶颈处气体被排出，达到预期的灌装液面后立即封盖。

②灌装机分类。灌装机按容器的输送形式可分为旋转型灌装机和直线型灌装机两种。旋转型灌装机灌装迅速、平稳、生产效率高。现在大中型企业液体灌装设备多采用旋转型。不论哪种形式的灌装机，都可按其各部件的功能大致分为五个部分，即传动部分、瓶托升降部分、灌装阀及其控制部分、封盖部分及电气控制部分。

目前国内使用的灌装线有玻璃瓶灌装线、易拉罐灌装线、聚酯瓶灌装线等。这些生产线自动化程度较高，其中玻璃瓶灌装线的生产能力可达 36 000 瓶 /h，易拉罐灌装线的生产能力可达 575 罐 /min，聚酯瓶灌装线的最高生产能力为生产 250 ml 瓶的速度为 400 ～ 500 瓶 /min。

（3）封盖。

灌装后应及时压盖，停留时间不得超过 10 s，以减少二氧化碳的逸散和空气的污染。压盖封口分为玻璃瓶的皇冠盖封口和易拉罐封口两种。易拉罐封口与罐头封罐一样，技术要求也基本相同。

皇冠盖压盖机有人工的填盖手压式、脚踏式和机械压紧式，还有连接在灌装机上的自动压盖机等多种。

压盖机的作用是用压力把瓶盖压褶在瓶嘴锁环上。压盖既应密封不漏气，又不能太紧而损坏瓶嘴。自动压盖机所使用的瓶盖应大小、高低一致，并要调整好每个压盖头子的高度，否则会造成自动送盖障碍、瓶子压碎或压盖不严等现象。封盖的好坏大多取决于缩口环的结构是否适中，工作中应经常对缩口环进行检查调整，一旦发现效果不佳和磨损严重，就应立即检修和更换。另外，压盖好坏与玻璃瓶也有关，玻璃瓶的高度、瓶口与瓶底的同心度、瓶口尺寸等都会影响压盖质量。不合格的玻璃瓶压盖时很容易炸瓶，即使不炸瓶，也很容易漏气、漏水。

如果采用自动灌装线，可在灌装线上完成封盖过程。压盖前，应对瓶盖进行清洗消毒。瓶盖清洗消毒的方法较多，可根据具体情况选择。常用的方法有乙醇浸洗、蒸汽消毒和漂白粉溶液消毒。

方法一：乙醇浸洗。把瓶盖放在 75% 的乙醇液中荡洗，再放入另一 75% 乙醇中浸泡几分钟，沥去乙醇，然后烘干即可使用。

方法二：蒸汽消毒。先用热水冲洗瓶盖，然后把瓶盖放入蒸汽柜直接用蒸汽蒸 5 min，取出、摊晾备用。

方法三：漂白粉溶液消毒。先用热水冲洗瓶盖，沥去水分，放入含氯量为 150 ～ 200 mg/kg 的漂白粉溶液中消毒，取出后用处理水冲洗至无氯味为止，烘干后备用。

以上三种方法中，用蒸汽消毒较为简便，效果也好，为常用的方法。

压盖机需要的压缩空气应过滤后使用，以免吹送瓶盖时污染瓶盖。

## 第六节　石榴果酒的制作

石榴果酒是指以石榴果实为主要原料，采用全部或部分发酵酿制而成的，酒度在 7% ～ 18% 的低度饮料酒。

### 一、石榴果酒的酿造原理

石榴汁能转化为石榴酒主要依靠酵母菌的作用，酵母菌能将石榴中的糖分解为乙醇、二氧化碳和其他副产物，这一过程称为酒精发酵。

#### （一）石榴果酒酿造中的主要酵母菌种

1. 主要酵母菌种

（1）酿酒酵母。酿酒酵母细胞为椭圆形，产酒精能力强，最高可达 17%；转化 1% 的酒精需要 17 ～ 18 g/L 的糖，抗 $SO_2$ 能力强（250 mg/L）。酿酒酵母在石榴果酒酿造过程中有重要的地位，它可将水果或果汁中的绝大部分的糖转化为酒精。

（2）贝酵母。贝酵母和葡萄酒酵母的形状和大小相似，抗 $SO_2$ 的能力也很强，产酒精能力更强，在酒精发酵后期，主要是贝酵母把果汁中的糖转化为酒精。但贝酵母会引起瓶内发酵。

2. 果酒酵母理想的特征与性能

性能优良的果酒酵母应具备以下特征：快速启动发酵；耐低 pH 值、高糖、高酸、高 $SO_2$；发酵温度范围宽，低温发酵能力好；氮需求量低；凝聚性强，发酵结束后可使酒快速澄清；发酵酸度平稳，产酒精率高，耐酒精能力强，发酵彻底；产挥发酸少，分泌尿素少，产泡力低。

### （二）酒精发酵

1. 酒精发酵的化学反应

酵母菌在无氧条件下，将葡萄糖经 EMP 途径分解为丙酮酸，丙酮酸再由丙酮酸脱羧酶催化生成乙醛和 $CO_2$：

$$CH_3COCOOH \longrightarrow CH_3CHO+CO_2$$

乙醛在乙醇脱氢酶的作用下，被 $NADH_2$（还原型烟酰胺腺嘌呤二核苷酸，又称还原型辅酶 Ⅰ）还原成乙醇：

$$CH_3CHO+NADH_2 \longrightarrow CH_3CH_2OH+NAD$$

酵母菌酒精发酵的总反应式为

$$C_6H_{12}O_6+2ADP+2Pi \longrightarrow 2C_2H_5OH+2CO_2+2AIP$$

2. 酒精发酵的主要副产物

（1）甘油。甘油是除水和乙醇外，在干酒中含量最高的化合物，甘油具有甜味且稠厚，可赋予石榴酒以清甜味，增加石榴酒的稠度，使石榴果酒清甜怡人。

甘油主要是由磷酸二羟丙酮转化而来，少部分由酵母细胞所含卵磷脂分解产生。石榴的含糖量高、酒石酸含量高，添加二氧化硫等能增加甘油含量。低温发酵不利于甘油的生成。贮存期间，甘油含量会有所上升。

（2）乙醛。乙醛可由丙酮酸脱羧产生，也可在发酵以外由乙醇氧化而产生。乙醛是主要的生酒味物质之一，过多的游离乙醛会给石榴酒带来苦味和氧化味。通常，大部分乙醛与二氧化硫结合形成稳定的乙醛－亚硫酸化合物，这种物质不影响酒的质量，陈酿时，乙醛含量会有所增加。

（3）琥珀酸。琥珀酸是酵母代谢正常的副产物，发酵初期生成较多，但含量较低，一般为 1.0 g/L，由乙醛生成或谷氨酸脱氨、脱羧并氧化而来。琥珀酸的存在可提升果酒的口感。

（4）乳酸。主要来源于酒精发酵和苹果酸—乳酸发酵。

（5）高级醇。高级醇大部分来源于酵母发酵的副产物，主要有异丙醇、异戊醇，主要是由氨基酸形成的。高级醇是果酒香气的主要成分，一般含量很低，过高会损坏酒的味道，使酒苦涩。

（6）酯类。主要是由有机酸和醇发生酯化反应产生的。酯类物质可分为两大类，一类为生化酯类，是在发酵过程中形成的，其中最重要的为乙酸乙酯；另一类为化学酯类，是在陈酿的过程中形成的，化学酯类种类很多。

此外，在酒精发酵过程中，还会产生很多副产物，它们都是由酒精发酵的中间产物——丙酮酸所产生的，并具有不同的味感，如具有辣味的甲酸、具有烟味的延胡索酸、具有酸白菜味的丙酸、具有榛子味的乙酸酐等。

3. 影响酵母菌生长和酒精发酵的因素

（1）温度。温度是影响发酵的重要因素之一。液态酵母的活动最适温度为20 ℃～30 ℃，当温度达到 20 ℃ 时，酵母菌的繁殖速度加快；在 30 ℃ 时繁殖速度达到最大值；而当温度继续升高达到 35℃时，其繁殖速度迅速下降，酵母菌呈疲劳状态，酒精发酵有停止的危险。

①发酵速度与温度。在 20 ℃～30 ℃ 的温度范围内，每升高 1 ℃，发酵速度就可提高 10%。因此，发酵速度随着温度的升高而提高。但是，发酵速度越快，停止发酵越早，原因是在这种情况下，酵母菌的疲劳现象出现较早。

②发酵温度与产酒精效率。在一定范围内，温度越高，酵母菌的发酵速度越快，产酒精效率越低，而生成的酒的度数就越低。当温度≤ 35 ℃ 时，温度越高，开始发酵越快；温度越低，糖分转化越完全，生成的酒的度数越高。

③发酵临界温度。当发酵温度达到一定值时，酵母菌不再繁殖，并且死亡，这一温度就称为发酵临界温度。如果超过临界温度，发酵速度就会迅速下降，甚至停止。在实践中常用“危险温区”这一概念来警示温度的控制，在一般情况下，发酵危险温区为 32 ℃～35 ℃。当然这并不是表明每当发酵温度进入这一范围时，发酵就一定会受到影响，并且停止，而是只表明在这一情况下，有停止发酵的危险。应尽量避免温度进入危险区，而不能在温度进入危险区以后才开始降温。

根据发酵温度的不同，可以将发酵分为高温发酵和低温发酵。30 ℃ 以上为高温发酵，其发酵时间短，但口味粗糙，杂醇、醋酸等含量高；20 ℃ 以下为低温发酵，其发酵时间长，但有利于酯类物质生成和保留，果酒风味好。

（2）氧气。酵母菌是兼性厌氧微生物，在氧气充足时，进行有氧呼吸，产生二氧化碳和水，利于酵母菌繁殖，只产生少量乙醇；在缺氧时，繁殖缓慢，产生大量乙醇。因此，在石榴酒发酵初期，应适当供给氧气，以供酵母菌繁殖所需，之后应密闭发酵。在完全的无氧条件下，酵母菌只能繁殖几代，然后就停止。这时，只要给予少量的空气，它们又能出芽繁殖。如果缺氧时间过长，多数酵母菌就会死亡。在发酵过程中，氧越多，发酵就越快、越彻底。因此，在生产中常用倒罐的方式来保证酵母菌对氧的需要。

（3）酸度。酵母菌在 pH 值为 2 ～ 7 的环境中均可生长，pH 值在 4 ～ 6 时发酵能力最强。但在此 pH 值范围内，一些细菌也生长良好，因此生产中一般控制 pH 值在 3.3 ～ 3.5，此时，细菌受到抑制，酵母菌活动良好。在 pH ≤ 3.0 时发酵受到抑制。

（4）糖分。糖浓度影响酵母的生长和发酵。糖浓度为 1% ～ 2% 时，生长发酵速度最快；高于 25% 时，出现发酵延滞；60% 以上时，发酵几乎停止。因此，生产高酒度果酒时，要采用分次加糖的方法，以保证发酵的顺利进行。

（5）乙醇。乙醇是酵母菌的代谢产物，不同酵母菌对乙醇的耐力有很大的差异。多数酵母菌在乙醇浓度达到 2% 时，发酵就受到抑制，尖端酵母在乙醇浓度达到 5% 时就不能生长，葡萄酒酵母可耐受 13% ～ 15% 的乙醇，甚至 16% ～ 17%。因此，自然酿制生产的果酒不可能酒度过高，要生产高度果酒必须通过蒸馏或添加乙醇的方式。

（6）$SO_2$。酒精发酵中，添加 $SO_2$ 主要是为了抑制有害菌的生长，因为酵母菌对 $SO_2$ 不敏感，所以 $SO_2$ 是理想的抑菌剂。葡萄酒酵母可耐受 1 g/L 的 $SO_2$。果汁内 $SO_2$ 为 10 mg/L 时，对酵母菌无明显作用，但其他杂菌则被抑制；$SO_2$ 含量达到 50 mg/L 时，发酵仅延迟 18 ～ 20 h，但其他微生物则完全被杀死。

## 二、石榴果酒的生产工艺

### （一）发酵前的处理

#### 1. 原料选择、分选、去皮

酿酒的原料应选择新鲜、体大、皮薄、味甜的石榴，经分选去除带霉斑、腐烂的果实。由于石榴大小不一，形状各异，皮质坚硬，含有较高的鞣质，且有内膜，籽粒易碎，不宜采用机械去皮，大多采用人工去皮、去膜的方法。

#### 2. 榨汁

石榴果粒中含有多种影响石榴酒风味的物质，如树脂、脂肪、挥发酸等，这些物质在发酵液中发酵时，会使成品酒酒液浑浊；石榴皮和石榴籽内含有大量单宁，所以必须将石榴皮剥除，并避免石榴籽破碎，以免石榴汁中单宁浓度过高抑制酵母生长与酒精发酵，并影响产品的风味质量；在压榨破碎时，应避免将内核压碎，可采用气囊式压榨机；破碎机械凡与果汁接触的部分不应该使用铁、铜等金属制品，以免增加酒中重金属含量。

3. 果汁的澄清

压榨汁中的一些不溶性物质在发酵中会产生不良效果，给酒带来杂味。而且，用澄清汁制取的果酒胶体稳定性高，对氧的作用不敏感，酒色淡，铁的含量低，芳香稳定，酒味爽口。

4. 二氧化硫处理

二氧化硫处理就是在发酵基质中或果酒中加入二氧化硫，以便发酵能顺利进行，且有利于果酒的贮藏。

（1）二氧化硫的作用。

①选择作用。二氧化硫是一种杀菌剂，它能控制各种发酵微生物的活动。适量使用时，可推迟发酵触发，但之后会加速酵母菌的繁殖和发酵作用。

②澄清作用。二氧化硫抑制发酵微生物的活动，推迟发酵开始的时间，从而有利于发酵基质中悬浮物质的沉淀。

③抗氧化作用。用二氧化硫处理发酵基质时，所形成的亚硫酸盐比基质中的其他物质更容易与基质中的氧发生反应而被氧化为硫酸和亚硫酸盐，从而抑制或推迟果酒所含成分的氧化作用，这就是二氧化硫的抗氧化作用。

④增酸作用。加入二氧化硫可以提高发酵基质的酸度。一方面，在基质中二氧化硫转化为酸，并且可以杀死植物细胞，促进细胞中的可溶性酸性物质，特别是有机酸盐的溶解。另一方面，二氧化硫可以抑制以有机酸为发酵基质的细菌的活动。

⑤溶解作用。在使用浓度较高的情况下，二氧化硫可促进浸渍作用，提高色素和酚类物质的溶解量。但在正常作用浓度下，二氧化硫的这一作用并不显著。

此外，二氧化硫使用不当或用量过高会使果酒有怪味且对人体产生毒害。

（2）二氧化硫的用量。石榴汁中含有 100 μg/mL 的二氧化硫即能明显抑制霉菌、细菌及野酵母的活动，而果酒酵母菌则能耐受。二氧化硫在石榴汁中加入的量一般为 30 ～ 100 mg/L，有研究表明，主发酵最佳添加二氧化硫的量为 40 mg/L。

在生产中一般可在榨汁后加偏重亚硫酸钾，一般按 1 g 偏重亚硫酸钾产生 560 mg 二氧化硫计算添加。

5. 果汁成分调整

由于各种条件的变化，原料的各种成分可能不符合酿酒要求，就需要通过多种方法提高原料的含糖量、降低或提高原料的含酸量等，以对原料进行改良。但是原料的改良并不能完全抵消水果本身的缺点所带来的后果。

（1）糖分调整。不良的气候条件或采收过早通常会使水果含糖量低，对于这一情况，通常通过添加蔗糖或浓缩汁提高含糖量。

①添加蔗糖。根据生产经验，1 L 果汁中含有 170 g 糖，发酵后可产生 10% 的果酒。即若使 1 L 石榴汁增加 1% 的酒精，需要加入 17 g 糖。一般成品酒的酒度为 12% ～ 14% 或 16% ～ 18%。为了达到成品酒的要求一般需要加糖。榨汁后应先测定石榴果汁的含糖量，糖分不足，就需添加一部分白砂糖以弥补。

例如，利用潜在酒精度为 8% 的 5 000 L 石榴汁生产酒精度为 12% 的石榴酒，其蔗糖的添加量为多少?

需要增加的酒精度：12−8=4（%）

需要添加的蔗糖量：4 × 17 × 5000=340 000（g）

生产上一般采用精制白砂糖进行添加，先将需添加的砂糖溶解在少量的果汁中，然后加入发酵罐中。添加蔗糖以后，必须倒一次罐，以使所加入的糖均匀地分布在发酵汁中。添加蔗糖的时间最好在发酵刚刚开始的时候，并且一次加完，原因是这时酵母菌正处于繁殖阶段，能很快将糖转化为酒精。

②添加浓缩果汁。在部分真空的条件下对经 $SO_2$ 处理后的石榴果汁进行加热浓缩，使其体积降至原体积的 1/5 ～ 1/4。

在确定添加量时，必须先对浓缩果汁的含糖量进行测算。例如，已知浓缩石榴汁的潜在酒精度为 45%，5 000 L 发酵用石榴汁的潜在酒精度为 10%，石榴酒要求酒精度为 12%，则可用十字交叉法计算浓缩石榴汁的添加量，要在 33.0 L 的发酵用石榴汁中加入 2.0 L 浓缩汁才能使石榴酒达到 12% 的酒精度。因此，在 5 000 L 发酵用石榴汁中应加入浓缩石榴汁的量为 2.0 × 5000 ÷ 33.0=303.0（L）。添加的时间和方法同蔗糖。

（2）酸度调整。果汁中的酸度以 0.8% ～ 1.1% 为宜，既适合酵母发酵，又能赋予酒浓厚的风味。如果果汁酸度过高可加糖浆或酸度低的果汁进行调整，也可用酒石酸钾中和多余的酸；如果果汁酸度过低可加酸度高的果汁进行调整，或加有机酸，常用的为柠檬酸和酒石酸。用柠檬酸或碳酸钙可以调整石榴汁酸度至最适 pH 值在 3.5 ～ 3.7，同时又能防止铁破败病的出现。碳酸氢钾和碳酸钙是目前最常用的两种降酸剂，加入降酸剂除会影响酒的酸碱平衡外，还能形成盐的沉淀，从而影响果酒的稳定性。

### （二）酵母的添加

酵母品种与酒的品质密切相关。要想酿造出好的石榴酒，必须选择性能优良的酵母。

#### 1. 利用活性干酵母制备石榴酒酒母

活性干酵母自问世以来，使用越来越广泛。活性干酵母为灰黄色的粉末，或呈颗粒状，具有活细胞含量高、贮藏性好、使用方便等优点。其使用方法是在 14 L 温水中加入 6 L 石榴汁，使混合汁温度为 30 ℃～ 35 ℃，再加入 2 kg 活性干酵母，放置 15 ～ 30 min，这样准备的酒母可发酵 10 000 L 石榴汁。

#### 2. 利用人工选择酵母制备石榴酒酒母

所利用的人工选择酵母一般为试管斜面培养的酵母菌，利用这类酵母菌制备石榴酒酵母需经几次扩大培养。生产上需经三次扩大培养，分别为一级培养、二级培养、三级培养，最后用酒母桶培养。

（1）一级培养。在生产前 10 天左右，选完熟优质的石榴，压榨取汁。装入干热灭菌过的洁净的试管内，试管内装量为 1/4。装后在常压下沸水杀菌 1 h，或 58.84 kPa 下 30 min。冷却后接入菌种，摇动果汁使之分散，进行培养，发酵旺盛时即可进行下级培养。

（2）二级培养。在干热灭菌过的洁净的三角瓶内，装 1/2 石榴汁，灭菌之后接上述培养液，进行培养。温度控制在 25 ℃～ 28 ℃，发酵旺盛时再进行下级培养。

（3）三级培养。选用洁净、消毒过的 10 L 左右大玻璃瓶，加入石榴汁至瓶容积的 70% 左右，进行加热杀菌或用亚硫酸杀菌。用亚硫酸杀菌时每 L 果汁中含二氧化硫 150 mg，杀菌后需放置 1 天再接种酵母菌。接种前先用 70% 的酒精消毒瓶口。接种二级菌种的用量为培养液的 2% ～ 5%，在 25 ℃～ 28 ℃ 培养箱中培养 24 ～ 48 h，发酵旺盛后可供再扩大用。

（4）酒母桶培养。将酒母桶用二氧化硫消毒后，装入 12 ～ 14 g/100 mL 的石榴汁，在 28 ℃～ 30 ℃ 下培养 1 ～ 2 天即可作为生产酒母。培养后的酒母可直接加入发酵液中，用量为 2% ～ 10%。

### （三）主发酵

#### 1. 发酵容器

发酵罐是目前普遍使用的发酵设备，其主体是用不锈钢板制成的立式圆筒，容积小者为 10 ～ 50 L，大者为 100 ～ 200 L。其类型各异，如连续发酵罐、旋转发酵罐、自动循环发酵罐等。罐顶端设有进料口、排气阀等，罐内设置有升降温装置，底端有出料阀、排渣阀。

2. 发酵管理

将发酵罐洗净，熏硫消毒，将石榴汁加入发酵容器，再加入 5% ～ 8% 的果酒酵母，采取密闭式发酵方式，控温发酵，发酵罐内温度控制在 25 ～ 30 ℃，每日测定 2 ～ 3 次发酵温度、糖度、酒度变化，并详细记录变化状况。当残糖降至 5 g/L 以下时，主发酵结束。一般发酵时间为 8 ～ 10 天，发酵结束后即可进行转罐去渣，把发酵罐底部沉淀的残渣去除。

### （四）后发酵

主发酵完成后分离出来的原酒还残留有 3 ～ 5 g/L 的糖分，需进一步发酵降低其含量，即进行后发酵。在转罐时由于有新的空气溶入，酵母活力恢复，重新活跃起来，可将残糖继续发酵转变成酒精。后发酵温度控制在 16 ℃～ 18 ℃，密闭发酵，当残糖降到 0.1% 左右时，后发酵结束。

### （五）净化和澄清

酒液必须净化澄清，不含任何沉降物，外观清亮，这样才符合果酒的质量要求。酒中悬浮的颗粒会干扰口味，而且常常是陈酿异常、化学破败病或微生物污染的标志。

澄清的目的是除去酒中一些引起果酒品质变化的因子，以保证果酒在货架期的稳定性。澄清分为自然澄清和人工澄清。

自然澄清是通过静置沉降的方法促进果酒的澄清，澄清的周期较长。进行自然澄清时需采取转罐等处理，除去沉淀物，防止果酒的氧化和变质。转罐是将果酒与酒内沉淀物分开的操作，就是将果酒从一个贮藏容器转到另一个贮藏容器。转罐的时间、次数与容器的大小、种类以及所生产的果酒的类型有关。转罐的方式有封闭式和开放式两种。

人工澄清就是人为除去可使或将使果酒变浑浊的胶体物质，絮凝沉淀并将之除去，以保证果酒现在和将来的澄清度和稳定性。人工澄清方法包括离心、下胶和过滤等。

1. 离心

离心处理可加速果酒中悬浮物质的沉淀，从而达到澄清、稳定果酒的目的。常用的离心机有三足式离心机、上悬式离心机、进动卸料离心机等。根据性能不同，可将离心机分为两大类。

（1）传统离心机。其离心加速度为重力加速度的 5 000 ～ 8 000 倍，主要用于对果汁的澄清处理和对果酒的预滤。这种离心机可除去 95%～99% 的酵母菌，但留下的细菌的比例较高。

（2）超速离心机。其离心加速度为重力加速度的 14 000 ～ 15 000 倍，主要用于装瓶前的处理，它可除去所有的酵母菌和 95% 的细菌，但只能处理已经通过下胶和酶处理进行澄清的果酒，原因是超速离心机并不能除去很多胶体物质。

2. 下胶

下胶是果酒生产中的一项重要操作，就是在果酒中添加一定量的有机或无机物质，这些物质能与果酒中的某些物质发生作用，产生胶体网状沉淀物，并将悬浮在酒中的悬浮物，包括微生物在内，一起凝结沉入罐底，从而使原酒在短时间内快速澄清透明，利于陈酿。常用的下胶材料有蛋清、明胶、皂土、硅胶、酪蛋白以及复合澄清剂等。

3. 过滤

过滤是使果酒澄清的最有效手段，是果酒生产中重要的工艺环节。随着科学技术的进步，过滤的设备，特别是过滤的介质材料不断改进，因而过滤的精度也不断提高。现在果酒工业常用的过滤设备有硅藻土过滤机、板框式过滤机和膜式过滤机等。

### （六）陈酿

后发酵结束的酒为新酒，新酒很不细腻，也很不稳定，需要经过一定时间的贮藏和适当的工艺处理，在贮藏期会发生一系列物理的、化学的和生物化学的变化，形成商品果酒的特有品质。对果酒在促进品质改善的条件下进行的贮藏就称为陈酿。

后发酵结束后，酒进入陈酿期，时间最少半年，最好 2 年以上。最适温度为 16 ℃，可在地下室进行陈酿。

1. 换桶

换桶是将酒从一桶转移到另一桶，或从一池转移到另一池，同时采取各种措施以保证酒液以最佳方式与其沉淀分离的一种操作。换桶不是简单的转移，而是一种沉析的过程。分离出来的沉渣就称为酒泥（或酒脚）。

换桶是石榴果酒陈酿过程中的第一步管理操作，也是最基本、最重要的操作。不换桶或换桶操作不当会导致果酒在陈酿过程中败坏。

（1）换桶的目的。换桶的第一个目的是分离酒液和酒泥。幼龄酒的沉渣中含有酵母细胞、细菌细胞和外源有机物质，必须分离除去。这样可避免腐败味，减轻酒与酒泥过分长期接触吸收的硫化氢气味。除去微生物也能在一定程度上防止微生物复合带来的影响。沉淀中含有酒石、色素和可能来自破败病的沉淀物，除去沉淀也是为了防止它们在以后温度升高情况下的再溶解。第二个目的就是借助换桶，使过量的挥发物质都蒸发逸出二氧化氯，从而溶解适量新鲜空气。这种通氧促进酵母最终发酵的完成，对于果酒的成熟和稳定起着重要作用。幼龄酒的换桶操作必须在敞口条件下进行。

（2）换桶的时间。第一次换桶应在后发酵完毕后 8 ～ 10 天进行，对新酒进行第一次换桶时，为了大量氧化鞣质、色素和其他物质，必须使果酒最大量地和空气接触。第二次换桶在冬季末至来年的 3 月进行，可保护果酒在春季不受污染。第三次换桶在 6 月进行。也就是说，1 年的新酒一般需换桶 3 ～ 4 次，以后每年进行一次换桶或不换。

（3）换桶的方法。果酒换桶往往采用虹吸的方法，而在大的酒厂，通常采用泵抽的方式进行换桶。倒酒的空罐事先用二氧化硫熏过或内部充满二氧化硫。新换容器应先进行处理。换桶用吸酒管的吸酒端应用弯管，口朝上，从而能吸取几乎全部的清酒而不吸到酒脚。换桶最适宜的条件是低温、高气压和没有风的天气，以免溶解在酒中的气体快速逸出而使酒变浑浊。

（4）换桶后的处理。每次换桶必须进行挥发酸和二氧化硫的分析，并适当补充二氧化硫。贮酒过程使用二氧化硫主要是为了防止酒的过度氧化和微生物的侵染。应根据原酒类型，使游离二氧化硫保持一定的浓度。几次换桶所收集的酒脚量一般在 4% ～ 8%。

2．添桶

（1）添桶的目的。由于蒸发和桶壁的吸收作用，罐内酒的液面会逐渐下降，这是陈酿过程中的薄弱点，因此需要定期添桶。添桶要小心操作，保证清洁卫生。为了避免产膜菌、醋酸菌的生长，必须随时使贮酒罐内的酒装满，不让其表面与空气接触而导致氧化或乙酸化。

（2）果酒的蒸发和贮存损失。在贮酒过程中，贮酒罐经常会出现液面下降的现象，产生这些现象的主要原因如下：品温降低，果酒的容积收缩；溶解在酒内的二氧化硫气体逸出很慢，但总是持续不断地放出，同时夹带少量其他物质；内外环境的差异，如温度、湿度等导致微量的液体通过容器四壁而蒸发；换桶后，酒脚会带走少量果酒。

（3）添桶的方法。添桶必须注意用酒的种类。添桶用酒应该至少是中等质量、澄清、稳定的酒，而且是气不大、滋味柔和、浓淡适中的酒，劣质添桶用酒会导致桶中大批量酒遭到破坏。添桶用酒应该贮存在添满酒的罐中，可贮存在氮气中。添桶时最好用同酒龄、同品种、同质量的原酒，然后再用高度白兰地或精制乙醇轻轻添在液面上层，以防止液面杂菌繁殖。

添桶一般在春季、秋季和冬季进行。从第一次换桶算起的第一个月应该每星期满桶一次；冬季时每两个星期满桶一次；夏季由于气温升高，果酒受热膨胀，容易溢出，要及时检查并从桶内抽酒，以防溢酒。

### （七）调配

经过陈酿的石榴果酒，出厂前要按照成品的质量要求，对其酒度、糖度、酸度进行一次调配，使石榴果酒更加协调、更加典型。

果酒的调配是将两种或两种以上的果酒进行混合的操作，表面看起来简单易行，但是得到最佳结果并非易事。如果刚刚学会调配酒，最好采取先对酒的理化成分进行分析，然后根据分析结果参照有关理化指标对酒进行调整和混合的调配方法。与果酒风味有关的理化指标往往与当地人的口味有关。

还有一种调配方法则是依靠感官评价进行，这需要有丰富的经验和灵敏的感官能力。要想做到一次性调配成功，事先就要精心调配小样并对其进行评价。

调配前应确切知道需要调配的每一种果酒的质量，先利用蔗糖将它们的糖度调整到所需浓度，然后逐个进行品尝；品尝后可将已达到感官平衡的果酒放在一边，将注意力集中在酸度和单宁含量不协调的果酒上，针对单宁含量进行调配；可以利用量筒试着将单宁含量较高的果酒与单宁含量较低的果酒进行混合，不断地调整混合比例，直至达到风味平衡。针对单宁含量的调配试验完成后，再用相同的方法进行以酸为基调的调配试验。如果需要添加果酸，则考虑按 0.1% 的添加量逐渐增加，直到满意为止。在此阶段要进行降酸是十分困难的，可以考虑利用碳酸钙和碳酸钾降酸，但这样往往会给果酒带来异味。通过调配使果酒中的单宁和酸达到平衡后，再尝试纠正其他微妙风味和香气成分。如果有太多种类的果酒需要用这种方法进行调配，最好不要放在一天进行，原因是一天内品尝太多的果酒会使味觉变得麻木，使判断能力受到限制。调配小样试验完成后，为了避免调配方案精确放大（10 L 以上）后出现新的不利和不稳定反应，需要进行“结合和稳定性实验”。商品酒调配的“结合期”一般为 3 周，3 周结束后对其风味及稳定性进行测试，如果没有问题则可进行生产批量的调配。生产批量调配完成后一定要稳定一段时间，必要时配合使用巴氏灭菌和除菌过滤，以防止二次发酵发生。

虽然通过调配可以纠正某些缺陷，如一种酒过酸，而另一种酒的风味过于平淡，调配可以使这两种酒的质量都得以改进，但是对于有严重缺陷的酒，如有臭味和明显乙酸味的酒是无法通过调配来掩饰的，千万不要为了节约少量果酒而损害整体酒的风味。

刚调配好的酒有明显的刺鼻味，不协调，不柔和，也容易产生沉淀。因此，调配好的酒应贮存于不锈钢罐内，最少贮存 3 个月，如果贮存半年以上，酒的风味会更好。应用巴氏灭菌法，对酒进行一次加温，特别是对甜酒，作用更大。

### （八）灭菌、灌装与包装

#### 1. 灭菌

石榴果酒经过调配和澄清后，将进入最后的灭菌阶段。一般采用快速巴氏灭菌法和瓶内巴氏灭菌法。在此阶段，会引起瓶内果酒重新发酵的潜在酵母和会引起果酒变质的腐败微生物会被杀死。否则，当气温较高时，如果已装瓶的果酒中仍有未完全发酵的糖和存活酵母，将会导致果酒重新发酵，引起爆瓶事故，后果十分危险。

经过巴氏杀菌后，果酒中可能仍有一些耐热性细菌芽孢存在，但在瓶内无氧状态下很难萌发，此时果酒呈酸性，二氧化碳浓度高、氧含量低，还存在具有抑菌作用的乙醇成分，因此，采用巴氏杀菌完全能达到稳定性要求。

（1）快速巴氏灭菌法。快速巴氏灭菌法是利用板式或管式热交换器将果酒在很短的时间内加热到灭菌温度，随后又将其快速冷却的灭菌方法。结合无菌灌装时，快速巴氏灭菌可以生产出既经济又稳定的产品。灭菌过程中微生物的死亡速度会受到以下两个重要因素的影响。

①温度：温度越高，微生物数目减少得越快。

②时间：加热时间越长，微生物死亡的数目越多。

但过高加热温度和过长加热时间都会使果酒质量受到影响，因此在保证灭菌要求的同时，尽量降低灭菌温度和缩短灭菌时间是非常重要的。果酒的快速巴氏灭菌一般是将果酒加热到 80 ℃ 并保持 20 s。快速巴氏灭菌一般在灌装前进行，在灌装过程中有可能引入新的微生物，因此完成快速巴氏灭菌后，在良好无菌条件下进行灌装是十分必要的。

（2）瓶内巴氏灭菌法。对于小规模酿酒商来说，瓶内巴氏灭菌法所需要的灭菌设备投资少，操作简单，是一种更方便的灭菌方法。此种方法是先将果酒灌入酒瓶内，打塞，并捆上铁丝网扣，再在水浴中对整个包装进行热处理，然后立刻进行水浴冷却，且灭菌后无须使用非常昂贵的无菌灌装设备。瓶内巴氏灭菌一般在水浴中将灌装好的果酒加热到 63 ℃ 保温 20 min，就足以防止腐败微生物生长和果酒二次发酵。

目前最常用的瓶内巴氏灭菌设备是隧道式喷淋设备，它尤其适合给铝罐包装的果酒灭菌。装罐后的果酒进入喷淋隧道中，以一定速度通过热水区、冷水区和干燥区，出来后即达到灭菌要求。如果没有这种灭菌隧道，可以利用水浴锅对果酒进行批量巴氏灭菌操作，这种灭菌方式的缺点是劳动强度大。在进行瓶内巴氏灭菌时一定要定期地检测果酒温度，以保证果酒在 63 ℃ 条件下保温 20 min，而不是随着传送带在 63 ℃ 水浴中走 20 min。进行批量灭菌时，可以在瓶子中放一支温度计记录瓶内酒温的变化，以判断加热所需时间，如果想知道喷淋隧道里的情况，可以使用温度记录数据块。

瓶装果酒在热灭菌时，由于果酒的热膨胀系数大于玻璃瓶的热膨胀系数，果酒中的二氧化碳溶解系数又和温度成反比，所以瓶内压力会升高。若留有的瓶颈空隙率过低，瓶内压力会升高至超过瓶盖紧锁压力或瓶受压，导致漏气或炸瓶。

2. 包装和标签

（1）果酒的包装。不充二氧化碳的果酒可以用普通果酒瓶子进行灌装，充填二氧化碳的果酒则要用耐压的香槟风格瓶子包装。包装从大小上说有 187 mL 的，传统果酒瓶也有 250 mL、330 mL、440 mL、500 mL、750 mL、3 L、50 L 甚至更大的容器；从材质上说有各种各样的玻璃瓶、聚乙烯瓶和铝罐。

（2）果酒的标签。我国果酒的标签设计除应遵循相关法律法规外，还要注意以下事项。

商品名称：标签上必须注明商品名为果酒，不能以商标代替商品名称。商品名称旁边可注明乙醇含量。

配料：说明使用原料，若用添加剂必须注明。

保质期：应表明合理的饮用期限。

生产厂家及其地址：应说明生产公司的名称及所在地，最好同时注明联系方式。

乙醇强度：当乙醇含量超过 1.2% 时，应以体积分数的方式标明乙醇含量。对于数字，小数点后不要多于 1 位，符号为“%”（体积分数）。乙醇强度应该与商品名称出现在同一可视区域。

商品条码：果酒商标上要求有合法的、可见的、抹不掉的商品条码。

净含量：在包装上注明净含量，净含量在 1 L 以下，以毫升表示，单位用“mL”；净含量在 1 L 以上，以升表示，单位用“L”。

其他要求：应说明果酒的贮存条件和最佳饮用方式，并表明原料产地；内容合法，易于理解，结实耐用；当使用有机、绿色、天然等词语修饰商品名称时，必须符合有关农产品标准要求。

3. 装瓶

（1）输酒设备、灌装设备、瓶塞等应彻底清洗消毒。

（2）空瓶，尤其是回收的空瓶，应先经过挑选，剔除有异味和不易洗净的空瓶，并进行严格的清洗和消毒。

（3）果酒灌装前应进行无菌过滤或采用其他灭菌方法进行处理。酒瓶和橡木塞应保持完整和无菌状态。在封口工序中应采取措施尽量避免瓶口出现破碎。对封口工序应进行严格监控。果酒灌装系统与其他饮料的灌装系统差不多，一般包括以下主要部分：灌装机、打塞机、贴标机和封胶帽机。

# 第七节　石榴白兰地的制作

白兰地是一种蒸馏酒，是以葡萄酒或葡萄果实为原料，经过发酵、蒸馏、贮藏而酿成的。用其他果酒蒸熘而成的酒亦称“白兰地”，但常在“白兰地”前冠以水果名，如石榴白兰地。白兰地有高浓度白兰地和饮用白兰地两种，饮用白兰地含酒精一般为 38% ～ 43%。

石榴白兰地和其他水果白兰地的酿制方法基本相同。白兰地的酿制方法大致可分为原料酒的酿制、蒸馏、陈酿、调配等几个步骤。

## 一、原料酒的酿制

同石榴果酒的酿制。

## 二、白兰地的蒸馏

进行蒸馏的原料酒应选择优质的石榴发酵酒，且是发酵完毕的新酒，否则其中未发酵的糖分则会完全损失；酒度有 7% ～ 8% 的体积分数即可，总酸度以 7 ～ 10 g/L 为好。

由于白兰地为重新蒸馏的产物，酿制优质的白兰地还需注意以下几点。

一是在酿制发酵酒时不应加入亚硫酸，原因是蒸馏时二氧化硫会还原成硫化氢或其他硫化物而使酒出现恶劣的气味，使酒的质量变坏。

二是发酵石榴酒比低度石榴酒作原料酒更好，原因是前者所含单宁物质少、挥发酸低、总酸高、其他杂质低，利于蒸馏后产生醇和柔美的风味。

三是原料酒的酒精含量应保持在 7% ～ 8%，总酸度保持在 7 ～ 10 g/L。酒精含量和酸度如不在此范围内，应进行调整。

四是原料酒酿制之后虽然可用澄清或未经处理的酒进行蒸馏，但一般采用未经后发酵、未经除渣的新酒来进行蒸馏，这样可保持优质白兰地的特殊风味。

五是白兰地蒸馏时，一切不良的气味、风味均会混入，所以要求酿制原料酒操作时格外小心，不可将石榴籽破碎，否则其内部的脂肪酸、单宁等风味就会留在酒内。压榨时如长期与皮渣接触，最后产品会产生皮渣味。

蒸馏是白兰地酿制中的主要操作，对产品的质量有较大的影响。原料酒的组分复杂，蒸馏的目的是将全部酒精蒸馏出来，通过分开酒液中的挥发性组分和非挥发性组分，提高酒精含量，而反复蒸馏可进一步分馏挥发性组分和提高酒精含量。并且酒精以外的某些挥发性组分，如酯类和缩醛类以及杂醇油等能赋予白兰地优良的风味和香气，应尽量蒸馏出来保存在酒液中。原料酒中的乙醛和沸点最高的杂醇油（戊醇、乙二醇等）杂质有毒和具臭味，蒸馏时应尽量除去，依其沸点可分为以下三类。

头级杂质。主要是乙醛，此外还有少数其他醛类和酯类，沸点低于酒精。

中级杂质。主要是甲醛，此外还有酯类，如异丁酸乙酯和异戊酸乙酯等。沸点与酒精相似。

尾级杂质。主要是各级醇，如戊醇、异戊醇、异丁醇、己醇和庚醇等，还有各种有机酸，其中主要是乙酸，沸点高于酒精。

白兰地的蒸馏方式主要有非连续性的壶式蒸馏和连续性塔式蒸馏。壶式蒸馏器由蒸馏罐、预热器和冷凝器所组成，以制取饮用白兰地，其特点是操作不连续化、无分馏作用、酒中芳香物质含量高、风味和香味较好。塔式蒸馏器常用于制造高浓度白兰地，其特点是操作连续化、有分馏作用、酒度高，但获得的白兰地风味和香味较差。但无论采用何种方式，其蒸馏出的酒度应低于 86%（体积分数），挥发物总量应大于 1.2 g/L，甲醇含量应低于 2.00 g/L。

## 三、白兰地的陈酿、成熟

刚蒸馏出的新酒具有强烈的刺激性气味，还常具有蒸锅味，不适合直接饮用，经过陈酿成熟后才具有良好的风味和香气。新蒸馏出的白兰地应至少在橡木桶中陈酿一年以上，陈酿过程中，无论是源于橡木桶的物质还是馏出液本身物质的变化，都是氧化作用引起的。

白兰地陈酿成熟的原理和方法与果酒相同。在成熟过程中，蒸馏液的蒸发损耗大于发酵酒，酸分、缩醛和酯类的含量有所增加，而醛类和杂醇油则相对减少，风味、口感明显提高。

成熟方法有人工成熟和自然成熟两种。

自然成熟是将白兰地贮藏于橡木桶内，放置于阴暗但通风的地方，让其自然变化，一般时间较长，为 4 ～ 5 年。所以常常使用人工成熟的方法，主要包括除去白兰地所具有的新酒的不良气味和在酯化与聚合两种作用下改进白兰地的风味这两个过程，所使用的方法有吸附—洗提法、还原法、氧化法等方法。但一般新酒的不良气味的除去略慢于风味的改进。还原法能加速新酒味的除去，而氧化法有助于风味的改进。

成品白兰地的酒度一般为 40% ～ 43%（体积分数），因此，在多数情况下，装瓶前应对白兰地进行调配，以降低酒度，并调整其他的成分。

### 四、成品调配

成熟后的白兰地由于原料产地、原料酒、蒸馏年份的差别，酒的质量并不一致，装瓶前须进行调和。调和时，先按蒸馏年份和桶别进行评味后混合，之后根据成分的不同加糖或酒精或用水稀释。另外，还需进行调香，再用焦糖调色，使色泽呈亮黄。同时还应进行低温处理并过滤，以防止一些成分在瓶内沉淀。

## 第八节　石榴果醋的制作

果醋一般含醋酸 5% ～ 7%，风味芳香，又具有一定的保健功能，近年来深受消费者喜爱，可作为调味品或饮品直接饮用。根据原料处理方式可将果醋的加工方法分为鲜果制醋、果汁制醋、鲜果浸泡制醋及果酒制醋 4 种。鲜果制醋是将果实破碎榨汁后，进行酒精发酵和醋酸发酵；果汁制醋是直接用果汁进行酒精发酵和醋酸发酵；鲜果浸泡制醋是将鲜果浸泡在一定浓度的酒精溶液或食醋溶液中，待鲜果的果香、果酸及部分营养物质进入酒精溶液或食醋溶液后，再进行醋酸发酵；果酒制醋是以经过酒精发酵的果酒为原料，只进行醋酸发酵。

果醋发酵的方法包括固态发酵、液态发酵及固 – 液发酵法，使用哪种发酵方法由水果的种类和品种的不同而定。由于石榴果实汁多、较柔软，具有较高的营养及保健功能，且其结构较为特殊，因此三种方法都可选择。

### 一、石榴果醋的酿造原理

石榴果醋发酵是以石榴果实为原料进行发酵，需经过两个阶段，第一阶段为酒精发酵阶段，即果酒的发酵；第二阶段为醋酸发酵阶段，利用醋酸菌将酒精氧化为醋酸，即醋化作用。如果以石榴酒为原料，则只进行醋酸发酵。

### （一）醋酸发酵微生物

醋酸菌是果醋酿造中醋酸发酵阶段的主要菌，属于醋酸单胞菌属，革兰氏阳性，是严格好氧细菌，只有在氧气充足时才能进行旺盛的生理活动。最适宜生长的温度为 30 ℃～ 35 ℃。目前醋酸工业常用的菌种有奥尔兰醋酸杆菌、许氏醋酸杆菌、AS 1.41 醋酸杆菌、沪酿 1.01 醋酸杆菌。这类菌种不具备运动能力，产醋能力强，对醋酸没有进一步氧化能力。此外，发酵环境条件的变化也可显著影响醋酸菌的繁殖和醋化作用，须注意如下几点。

第一，酒精度过高会导致醋酸菌繁殖迟缓，生成物以乙醛为多，醋酸产量甚少。一般果酒中的酒度超过 14% 时醋酸菌的耐受程度下降，因此醋酸发酵一般控制酒精度在 12% ～ 14% 为宜。

第二，醋酸菌的醋化作用与溶氧程度密切相关，果酒中的溶解氧越多，醋化作用越快越完全，然而缺乏空气时，醋酸菌会被迫停止繁殖，醋化作用受到阻碍。理论上，100 L 纯酒精被氧化成醋酸需要 38.0 $m^3$ 纯氧，相当于空气量 183.9 $m^3$，实际上供给空气量需超过理论数 15% ～ 20% 才能醋化完全。

第三，一般在果酒发酵过程中会加入 $SO_2$，然而果酒中的 $SO_2$ 对醋酸菌的繁殖有抑制作用，若果酒中 $SO_2$ 含量过多，需去除 $SO_2$ 后才能进行醋酸发酵。

第四，温度对醋酸菌的繁殖和代谢作用影响较大，20 ℃～ 32 ℃ 为醋酸菌繁殖的最适宜温度，30 ℃～ 35 ℃ 醋化作用最快，达 40 ℃ 则停止活动，低于 10 ℃时醋化作用进行困难。

第五，较高的环境酸度会导致醋酸菌发育缓慢，在果醋的醋化作用过程中，随着醋酸量不断增加，醋酸菌活动逐渐减弱，酸度达到某限度时，活动完全停止。一般醋酸菌对醋酸的耐受度为 8% ～ 10%。

第六，阳光也会影响醋酸菌的发育，降低醋化作用。不同波长的光对醋酸菌的作用不同，白色光有害作用最强，其余依次是紫色、青色、蓝色、绿色、黄色及棕黄色，红色光危害最弱，与黑暗处醋化所得的产率相同。

### （二）醋酸发酵过程

醋酸发酵是依靠醋酸菌的作用，将酒精氧化生成醋酸的过程，其反应如下：首先，酒精氧化成乙醛；其次，乙醛吸收一分子水成为水化乙醛；最后，水化乙醛再氧化成醋酸。

理论上 100 g 纯酒精可生成 130.4 g 醋酸，而在生产实际中一般只能达到理论值的 85% 左右。其原因是醋化时酒精会挥发损失，特别是在空气流通和温度较高的环境下损失最多。此外，醋酸发酵过程中，除生成醋酸外，还生成二乙氧基乙烷，其具有醚的气味，以及高级脂肪酸、琥珀酸等，这些酸类与酒精作用，会缓缓产生酯类，具有芳香，所以果醋同果酒，经陈酿后品质变佳。

因为醋酸菌含有乙酰辅酶 A 合成酶，所以它能把醋酸氧化为二氧化碳和水。正是由于醋酸菌具有这种过氧化反应，所以醋酸发酵完成后，一般要采用加热杀菌或加盐的方式来阻止醋酸菌的繁殖，抑制其继续氧化发酵，防止醋酸分解。

## 二、石榴果醋的加工工艺

### （一）醋母的制备

可从优良的醋酸或生醋（未消毒的醋）中采种繁殖，也可用纯种培养的菌种。

1. 固体培养

取浓度为 1.4% 的豆芽汁 100 mL、葡萄糖 3 g、酵母膏 1 g、碳酸钙 1 g、琼脂 2 ～ 2.5 g，进行混合，加热熔化，分装于干热灭菌的试管中，每管装量 4 ～ 5 mL，在 $9.80\ 665 \times 10^4$ Pa 的压力下杀菌 15 ～ 20 min，取出，在未凝固前加入 50% 的酒精 0.6 mL，制成斜面，冷后在无菌操作下接种优良醋醅中的醋酸菌种，26 ℃～ 28℃ 恒温下培养 2 ～ 3 天即成。

2. 液体扩大培养

取浓度为 1% 的豆芽汁 15 mL、食醋 25 mL、水 55 mL、酵母膏 1 g 及酒精 3.5 mL 配制而成。要求醋酸含量为 1%～1.5%，醋酸与酒精的总量不超过 5.5%。装盛于 500 ～ 1 000 mL 三角瓶中，常法消毒。酒精最好于接种前加入。接入固体培养的醋酸菌种 1 支，26 ℃～ 28 ℃ 恒温下培养 2 ～ 3 天即成。在培养的过程中，每日定时摇瓶一次或用摇床培养，充分供给空气及促使菌膜下沉繁殖。

要培养成熟的液体醋母，即可接入再扩大 20 ～ 25 倍的准备醋酸发酵的酒液中培养，制成醋母供生产用。

### （二）酿醋

1. 固态发酵法

以果品为原料，同时加入适量的麸皮，固态发酵酿制。

（1）酒精发酵。取石榴洗净、去皮、取籽、破碎，加入酵母液 3% ～ 5%，进行酒精发酵，在发酵过程中每日搅拌 3 ～ 4 次，经 5 ～ 7 天发酵完成。

（2）制醋坯。在完成酒精发酵的果品中加入麸皮、谷壳或米糠等作为疏松剂，添加量为原料量的 50% ～ 60%，再加入培养的醋母液 10% ～ 20%（也可用未经消毒的优良生醋接种），充分搅拌均匀，装入醋化缸中，稍加覆盖，使其进行醋酸发酵。在醋化期中，控制品温在 30 ℃～ 35 ℃，若温度升高达 37 ℃～ 38 ℃，则将缸中醋坯取出翻拌散热；若温度适当，每日定时翻拌一次，充分供给空气，促进醋化。经 10 ～ 15 天，醋化旺盛期将过，即加入 2% ～ 3% 的食盐，搅拌均匀，即成醋坯。将此醋坯压紧，加盖封严，待其陈酿后熟，经 5 ～ 6 天后，即可淋醋。

（3）淋醋。将后熟的醋坯放在淋醋器中。淋醋器由一个底部凿有小孔的瓦缸或木桶制成，距缸底 6 ～ 10 cm 处放置滤板，铺上滤布。从上面徐徐淋入约与醋坯量相等的冷却沸水，醋液从缸底水孔流出，这次淋出的醋称为头醋。头醋淋完以后，再加入凉水，再淋，即为二醋。二醋含醋酸很低，供淋头醋用。

这种方法由于发酵过程中加入的辅料和填充物多，空气流通好，基础物质丰富，所以有利于微生物繁殖而产生不同的代谢产物，使制得成品中总酯、氨基酸、糖分浓度高，因此，制品酸味柔和、酸中回甜、香气浓郁、果香明显、口味醇厚、色泽好。但这种方法也有一些缺点，如卫生条件差、劳动强度高、生产周期长、原料利用率低、生产能力低、出醋率低、质量不易稳定等。

2. 液态发酵法

液态发酵是指使发酵液处于液体状态进行发酵，可分为液态表面静止发酵和深层液态发酵。液态发酵法是以果酒为原料进行发酵。酿制果醋的原料酒必须是酒精发酵完全、澄清透明的酒。

（1）液态表面静止发酵。在醋酸发酵的过程中进行静置，不需进行搅拌，该法发酵时间较长，需 1 ～ 3 个月，但是果醋柔和，口感要优于液态深层发酵法，并且形成含量较多的风味物质。

（2）深层液态发酵。深层液态发酵是在发酵过程中不断搅拌并进行持续供氧的方法，适合大规模工艺生产，具有机械化程度高、操作卫生条件好、原料利用率高、生产周期短（7 ～ 10 天）、质量稳定易控制的优点。但生产周期短等原因导致风味相对单薄，因此提高果醋的风味质量是关键。

### （三）陈酿和保藏

果醋的陈酿与果酒相同。通过陈酿，果醋变得澄清，风味更加醇正，香气更加浓郁。陈酿时将果醋装入桶或坛中，装满、密封，静置 1 ～ 2 个月即完成陈酿过程。

陈酿后的果醋经过澄清处理后，用过滤设备进行精滤。在 60 ℃～ 70 ℃ 温度下杀菌 10 min，即可装瓶保藏。

# 第九节　石榴糖制品的制作

糖制品是以水果和糖为原料，与其他辅料配合加工而成，因糖的高渗透压、抗氧化和降低水分活度的作用而得到长期保存的一类产品。高糖、高酸是糖制品的特点，这个特点能够改善原料的食用品质，并使产品具有良好的色泽和风味，而且对产品在保藏和贮运期间的品质起到加强作用。

糖制品按照加工方法和制品的状态分为两大类：果脯蜜饯类和果酱类。石榴的糖制品主要为果酱类制品。

果酱产品不能保持果实的完整形状，含糖量大多在 40% ～ 70%，含酸量约在 1% 以上，属于高糖高酸食品。果酱类制品主要有果酱、果泥、果丹皮、果糕、果冻等。

## 一、食糖的保藏作用

食糖的保藏作用主要表现在高渗透压、抗氧化和降低水分活度三个方面。

### （一）高渗透压作用

高浓度糖液能产生强大的渗透压。糖液浓度越高，渗透压越大。高浓度糖液具有强大的渗透压，能使微生物细胞质脱水收缩，发生生理干燥而无法活动。1% 的蔗糖约产生 70.9 kPa 的渗透压。通常糖制品的糖浓度在 50% 以上，能使微生物细胞失去活力，从而使制品得以长时间保藏。但是，某些霉菌和酵母菌较耐高渗透压，为了有效地抑制所有微生物，糖制品的糖分含量（糖浓度）要求达到 60% ～ 65%，或可溶性固形物含量达到 68% ～ 75%。糖浓度若低于此浓度，制品会生霉，而超过此浓度则会发生糖的晶析，从而降低产品质量。

### （二）抗氧化作用

氧在糖液中的溶解度小于在水中的溶解度，糖浓度越高，氧的溶解度就越低。例如，60% 的蔗糖溶液在 20 ℃ 时的含氧量仅为纯水中的 1/6。食糖的这一作用有利于保持糖制品的色泽、风味和避免维生素 C 等的流失。

### （三）降低水分活度的作用

食糖能降低糖制品中的水分活度。糖制品的水分活度与糖液浓度呈负相关，高浓度的糖液能够使水分活度大大降低，可被微生物利用的有效水分减少，抑制了微生物的活动。通常果酱类制品的水分活度为 0.75 ～ 0.8，这类制品需要良好的包装条件来防止耐渗透压的酵母菌和霉菌的活动。

## 二、果胶的胶凝作用

果胶物质以原果胶、果胶和果胶酸三种形态存在于果品中。原果胶在酸和酶的作用下能分解为果胶。果胶具有胶凝特性，而果胶酸的部分羧基与钙、镁等金属离子结合时，易形成不溶性的果胶酸钙或镁的胶凝。

果胶形成胶凝有两种形态：一种是高甲氧基果胶（甲氧基含量在 7% 以上）的果胶 – 糖 – 酸型胶凝，又称为氢键结合型胶凝；另一种是低甲氧基果胶的羧基与钙、镁等离子的胶凝，又称为离子结合型胶凝。

### （一）高甲氧基果胶胶凝

果冻的胶冻态、果酱的黏稠态都是依赖于高甲氧基果胶的胶凝作用来实现的。高甲氧基果胶的胶凝原理为分散高度水合的果胶束因脱水及电性中和而形成胶凝体。果胶胶束在一般溶液中带负电荷，当溶液 pH 值低于 3.5 和脱水剂含量达 50% 以上时，果胶即脱水并因电性中和而胶凝。在果胶胶凝过程中，酸起到消除果胶分子中负电荷的作用，使果胶分子因氢键吸附而相连成网状结构，构成凝胶体的骨架。糖除了能够起脱水作用外，还能够作为填充物使凝胶体达到一定强度。果胶的胶凝过程是复杂的，受多种因素制约。

1.pH 值

pH 值能影响果胶所带的负电荷数，当降低 pH 值，即增加氢离子浓度而减少果胶的负电荷时，果胶分子间氢键易结合而胶凝。当电性中和时，胶凝的硬度最大。产生凝胶时 pH 值的最适范围是 2.5 ～ 3.5，高于或低于此 pH 值范围均不能胶凝。当 pH=3.1 时，胶凝强度最大；当 pH=3.4 时，胶凝比较柔软；当 pH=3.6 时，果胶电性不能中和而相互排斥，不能形成胶凝，此值即为果胶的临界 pH 值。

2. 糖浓度

果胶是亲水胶体，胶束带有水膜，食糖的作用是使果胶脱水后发生氢键结合而胶凝，但只有当含糖量达 50% 以上时，糖才能发挥脱水作用。糖浓度越大，脱水作用就越强，胶凝速度就越快。当果胶含量一定时，糖的用量随酸量增加而减少；当酸的用量一定时，糖的用量随果胶含量提高而降低。

3. 果胶含量

果胶的胶凝性强弱取决于果胶含量、果胶相对分子质量以及果胶分子中甲氧基含量。果胶含量高则易胶凝，果胶相对分子质量越大，半乳糖醛酸的链越长，所含甲氧基比例越大，胶凝力越强，制成的果冻弹性越好。原果胶不足时，可适量加入果胶粉、琼脂或其他含果胶丰富的原料。当果胶、糖、酸的配比适当时，混合液能在较高的温度下胶凝，温度越低，胶凝速度越快；50 ℃ 以下的温度对胶凝强度影响不大；高于 50 ℃ 时，胶凝强度下降，原因是高温破坏了氢键吸附。形成果胶胶凝最合适的比例是果胶量 1% 左右、糖浓度 65% ～ 67%、pH 值在 2.8 ～ 3.3。

### （二）低甲氧基果胶胶凝

低甲氧基果胶依赖果胶分子链上的羧基与多价金属离子相结合而串联起来，这种胶凝具有网状结构。低甲氧基果胶中有 50% 以上的羧基未被甲醇酯化，对金属离子比较敏感，少量的钙离子与之结合也能胶凝。

1. 钙离子（或镁离子）

钙等金属离子是影响低甲氧基果胶胶凝的主要因素，用量随果胶的羧基数而定，每克果胶的钙离子最低用量为 4 ～ 10 mg，碱法制取的果胶为 30 ～ 60 mg。

2.pH 值

pH 值对果胶的胶凝有一定的影响。pH 值在 2.5 ～ 6.5 时都能胶凝，pH=3.0 或 pH=5.0 时胶凝的强度最大，pH=4.0 时强度最小。

3. 温度

温度对胶凝强度影响很大；在 0 ℃～ 58 ℃，温度越低，强度越大；在 58 ℃ 时强度为零，0 ℃ 时强度最大，30 ℃ 为胶凝的临界点。因此，果冻的保藏温度宜低于 30 ℃。

低甲氧基果胶的胶凝与糖用量无关，即使在 1% 以下或不加糖的情况下仍可胶凝，生产中加入 30% 左右的糖仅是为了改善风味。

果胶含量越高，分子质量越大，多聚半乳糖醛酸的链越长，越易胶凝；所含甲氧基比例越高，胶凝力越强。原料中果胶不足时，需加入适量果胶粉。

## 三、石榴果酱的加工

### （一）原料的选择

选用新鲜、完整、良好的石榴，成熟度恰当，风味良好，酸度适中。要保证果汁的质量，就必须对原料进行挑选，剔除霉烂、受伤、变质和未成熟的果品。

### （二）清洗

石榴在生长、成熟、运输和贮运过程中易受到外界环境的污染，所以加工之前应彻底地对石榴进行清洗，可采用手工清洗和机械清洗两种方法。

### （三）去皮

可手工去皮，也可采用专用的石榴去皮机进行去皮。

### （四）取汁

石榴生产果酱要进行取汁，多采用压榨法制汁，常用的设备有手工榨汁机、螺旋榨汁机和气囊榨汁机等。

### （五）配料

通常果料占总配料量的 40% ～ 55%，砂糖占 45% ～ 60%（允许使用部分淀粉糖浆，用量小于总糖量的 20%）。果肉与加糖量的比例为 1 ∶ 1.2 ～ 1 ∶ 1。为了使糖、果胶、酸比例恰当，以利于凝胶的形成，可根据原料所含果胶及酸的多少，添加适量的柠檬酸、果胶或琼脂。柠檬酸添加量一般以控制成品含酸量为 0.5% ～ 1% 为宜。果胶添加量以控制成品含果胶量为 0.4% ～ 0.9% 为好。配料时，应将砂糖配制成 70% 左右的糖液，柠檬酸配成 50% 左右的溶液，并过滤。果胶按料重加入 5 倍砂糖，充分混合均匀，再按料重加 10 倍左右热水，高速搅拌溶解。在浓缩时分次加入浓糖液，临近终点时，依次加入果胶液、柠檬酸或糖浆，充分搅拌均匀。

### （六）浓缩

各种配料准备齐全，石榴取汁后，就要进行加糖浓缩。其目的在于通过加热排除果汁中大部分水分，使砂糖、酸、果胶等配料与果肉混合均匀，提高浓度，改善酱体的组织形态和风味。加热浓缩的方法目前主要有常压浓缩和真空浓缩两种。

1. 常压浓缩

常压浓缩即将原料置于夹层锅中，在常压下加热浓缩。常压浓缩应注意以下几点。

（1）浓缩过程中，糖液应分次加入，以利于水分蒸发，缩短浓缩时间，避免糖色变深而影响制品品质。

（2）糖液加入后应不断搅拌，防止锅底焦化，促进水分蒸发，使锅内各部分温度均匀一致。

（3）开始加热时，蒸汽压力为 0.3 ～ 0.4 MPa；浓缩后期，压力应降至 0.2 MPa。

浓缩初期，由于物料中含有大量空气，在浓缩时会产生大量泡沫，为防止外溢，可加入少量冷水，以消除泡沫，保证正常蒸发。

要恰当掌握浓缩时间，不宜过长或过短。过长会直接影响果酱的色、香、味，导致转化糖含量高，发生焦糖化和美拉德反应；过短，转化糖生成量不足，在贮藏期间易产生蔗糖结晶的现象，且酱体凝胶不良。浓缩时，可通过控制蒸汽量调节加热温度，进而控制浓缩时间。

2. 真空浓缩

真空浓缩优于常压浓缩，在浓缩过程中，低温蒸发水分，既能提高原料的浓度，又能较好地保持产品原有的色、香、味。真空浓缩时，待真空度达到 53.32 kPa 以上时，开启进料阀，浓缩的物料靠锅内的真空吸力进入锅内。浓缩时，真空度保持在 86.66 ～ 90.00 kPa，料温 60 ℃ 左右，且应使物料保持超过加热面的状态，以防焦煳。当浓缩到可溶性固形物含量达 60% 以上时停止浓缩。常使用手持折光仪进行浓缩终点的测定。传统测定方法有温度计测定法（当溶液的温度达 103 ℃～ 105 ℃ 时熬煮结束）和挂片法（用搅拌的木片从锅中挑起浆液少许，横置，若浆液呈现片状脱落，即至终点）。

### （七）装罐密封

果酱含酸量高，多以玻璃罐或抗酸涂料铁罐为容器。装罐前应彻底清洗容器，并消毒。将果酱趁热进行装罐，要求酱体温度在 80 ℃～ 90 ℃ 时装罐封盖。

### （八）杀菌冷却

在加热浓缩过程中，酱体中的微生物绝大部分会被杀死。由于果酱是高糖高酸制品，装罐密封后残留的微生物是不易繁殖的。果酱封盖后还需要杀菌，以达到罐制品的商业无菌要求。可采用沸水或蒸汽杀菌的方法。杀菌温度和杀菌时间依品种及罐型大小来定，一般小瓶装 90 ℃ 下杀菌 10 min 以上即可。杀菌后需冷却至 40 ℃。可先用 50 ℃ 左右的温水冷却，再用自来水冷却，最终产品中心温度达到 40 ℃ 即可。冷却后将产品从水中取出，静置 1 天，将未挥发的水分擦干净，贴标签，塑封瓶盖或整个瓶身。注意玻璃瓶装产品需分段冷却，原因是玻璃温差超过 70 ℃ 时容易炸裂。

## 四、石榴果冻的加工

### （一）榨汁

生产石榴果冻时，用压榨机压榨取汁。如果产品要求完全透明需要进行澄清，一般产品取汁后不用澄清、精滤。榨取的果汁贮存备用。

### （二）溶胶

将果冻粉、白砂糖按比例混合均匀，在搅拌条件下慢慢倒入冷水中，然后不断地进行搅拌，使胶基本溶解，也可静置一段时间，使胶充分吸水熔涨。

### （三）煮胶

将胶液边加热边搅拌至煮沸，使胶完全溶解，并在微沸的状况下维持 8 ～ 10 min，然后除去表面泡沫。

### （四）过滤

趁热用消毒的 100 目不锈钢过滤网过滤，以除去杂质和一些可能存在的胶粒，得料液备用。

### （五）调配

向石榴果汁中加入溶胶、柠檬酸、糖、香精、色素等，搅拌均匀。

### （六）灌装、封口

调配好的料液应立即灌装到经过消毒的容器中，并及时封口，不能停留。对于没有实现机械化自动灌装的工厂，灌装时不要一次性把混合液加进去，否则不等灌装完就会凝固。在灌装前，包装盒要先消毒，灌装好后立即加盖封口。

### （七）杀菌、冷却

由于果冻灌装温度过低（低于 80 ℃），所以灌装后还要进行巴氏杀菌。封口后的果冻由传送带送至温度为 85 ℃ 的热水中杀菌 10 min，杀菌后的果冻应立即冷却降温至 40 ℃ 左右，以便能最大限度地保持食品的色泽和风味。可以用干净的冷水喷淋或浸泡果冻，使其冷却。

### （八）干燥

用 50 ℃～ 60 ℃ 的热风进行干燥，以便使果冻杯外表的水分蒸发掉，避免包装袋中出现水蒸气，防止产品在贮藏销售过程中长霉。

### （九）包装

检验合格的果冻经包装后即为成品。

# 第十节　石榴茶的制作

石榴茶是以石榴叶的嫩梢或树叶为原料，按照茶叶的加工工艺制成的，具有助消化、抗胃酸过多、抗胃溃疡、降血脂等多种功能。目前主要有石榴绿茶、石榴红茶和石榴乌龙茶。

## 一、石榴绿茶

石榴绿茶属于不发酵茶，具有绿叶清汤的品质特征，即干茶色泽和冲泡后的茶汤、叶底以绿色为主调。

石榴绿茶的加工可以简单地分为杀青、揉捻和干燥三个步骤。

### （一）杀青

制作绿茶关键在于初制的第一道工序，即杀青，杀青对绿茶品质起着决定性的作用：通过高温破坏鲜叶中酶的活性，制止多酚类物质的酶促氧化，以防止叶子变红；蒸发叶内的水分，使叶子变软，为揉捻造型创造条件；随着水分的蒸发，鲜叶中具有青草气的低沸点的芳香物质挥发消失，从而使茶叶香气得到改善。杀青均在杀青机中进行，一般为 200 ℃ 杀青 3 ～ 4 min。

鲜叶经过杀青，酶的活性钝化，内含的各种化学成分基本上是在没有酶影响的条件下，由热力作用进行物理化学变化，从而形成绿茶的品质特征。

影响杀青质量的因素有杀青温度、投叶量、杀青机种类、时间、杀青方式等。它们是一个整体，相互牵连制约。

杀青的方式包括炒青（锅炒）、烘青（烘焙）、晒青（日晒）、蒸青（气蒸）。

#### （二）揉捻

揉捻是塑造绿茶外形的一道工序。通过外力的作用，使叶片揉破变轻，卷转成条，体积缩小，并适当破坏叶片组织，将部分茶汁挤溢附着在叶表面，这对提高茶的滋味、浓度也有重要作用。揉捻可手工操作，也可使用揉捻机进行。

#### （三）干燥

干燥的目的是整理条索，塑造外形，发展茶香，增进滋味，蒸发水分，达到足干，便于贮藏。干燥方法有烘干、炒干和晒干三种。烘干的程度以手捏茶叶即成粉末为适度。

### 二、石榴红茶

石榴红茶是全发酵茶，鲜叶经过萎凋、揉捻、发酵和干燥等几道工序加工而成。由于发酵加速了茶多酚的酶促氧化，石榴红茶形成了红叶红汤、香甜味醇的品质特征。

#### （一）萎凋

萎凋是指鲜叶经过一段时间失水，一定硬脆的梗叶萎蔫凋谢的过程，是红茶制作的第一道工序。萎凋可适当蒸发水分，使叶片柔软、韧性增强，便于造型；还可使茶叶的青草味消失，茶叶清香欲现，是形成红茶香气的重要加工阶段。萎凋一般分为室内萎凋、日光萎凋和萎凋槽萎凋等。

#### （二）揉捻

红茶揉捻的目的与绿茶相同，茶叶在揉捻过程中成形并增进色香味浓度，同时，由于叶细胞被破坏，便于在酶的作用下进行必要的氧化，利于发酵的顺利进行。

#### （三）发酵

发酵是红茶制作的独特阶段，经过发酵，叶色由绿变红，形成红叶红汤的品质特点。其机理是叶子在揉捻作用下，组织细胞膜结构受到破坏，透性增大，多酚类物质与氧化酶充分接触，在酶促作用下产生氧化聚合作用，其他化学成分亦相应发生深刻变化，使绿色的茶叶产生红变，形成红茶的色香味品质。室温发酵

5 ～ 6 h。

### （四）干燥

干燥是将发酵好的茶坯，采用高温烘焙，迅速蒸发水分，达到保质干度的过程。其目的有三：一是利用高温迅速钝化酶的活性，停止发酵；二是蒸发水分，缩小体积，固定外形，保持干度以防霉变；三是散发大部分低沸点青草气味，激化并保留高沸点芳香物质，获得红茶特有的甜香。

## 三、石榴乌龙茶

石榴乌龙茶属于半发酵茶，是以石榴叶为原料，用乌龙茶独特的加工工艺制成，既保持了石榴叶的有效成分，又具有岩韵品质特征，兼有石榴红茶和石榴绿茶的特点，且性温健胃，滋味有特别的醇厚感，饮后回甘快、余味长、喉韵明显，香气不论高低都持久浓厚，冷闻还幽香明显，茶叶耐泡。

### （一）萎凋

萎凋是焙制石榴乌龙茶的第一道工序，当萎凋叶顶部叶片萎软时，基部梗脉仍保持充足的水分，它是走水还阳的物质基础与动力。萎凋的方法包括晒青、加温萎凋、室内自然萎凋等。生产上以晒青为主。

晒青是利用光能与热能促进叶片水分蒸发，使鲜叶在短时间内失水，顶部与基部梗叶细胞基质浓度增加，促进酶的活化，加速叶内物质的化学变化。

通常在上午 11 时前和下午 2 时后晒青，这时阳光较弱，气温较低（不超过 34 ℃），不易灼伤叶片。用水筛进行手工晒青，水筛直径 90 ～ 100 cm，筛孔 0.5 cm 见方。取鲜叶 0.3 ～ 0.5 kg 于水筛中，两手持筛旋转。青架以小杆搭成，离地面 70 ～ 90 cm，宽 4.5 ～ 5 m，以能容 4 个水筛为度，长度依地形而定。晒青历时 10 ～ 60 min 不等，视阳光强弱、气温高低、鲜叶含水量多少而灵活掌握。其间翻拌 1 ～ 2 次，翻拌时两筛互倒，摇转水筛将叶子集中于筛的中央，而后筛转摊叶，全程不用手接触叶子，以免损伤青叶造成死青。晒青适度时，将两筛晒青叶合并，约 1 kg，用手轻轻抖松摊平，移入青间晾青。

大规模生产用长 4.5 ～ 5 m，宽 2.5 m 的青席晒青，每平方米摊叶 0.5 ～ 1.5 kg，厚薄均匀。青席通透性不如水筛，因此晒青时间稍长，其间翻拌 1 ～ 2 次。翻拌时将青席四角掀起，青叶自然集中，再用手或竹耙抖散均匀。

晒青适度后，将晒青叶置于水筛，移入青间晾青，或置青间地面的青席上摊晾散热。晾青是日光萎凋的继续和减缓，历时 1 ～ 1.5 h，失水 2% ～ 4%。晾青会使叶温下降，减缓多酚类化合物酶促褐变，防止晒青叶早期红变。晾青能够促进梗叶水分重新分布平衡，细胞恢复生机，呈紧张状态。

当叶面失去光泽、呈暗绿色，叶质柔软，顶叶下垂，青气减退，清香显露，减重率为 10% ～ 15% 时萎凋适度，萎凋叶含水率 70% 左右。

### （二）做青

做青包括摇青和静置，是石榴乌龙茶品质和风格形成的关键工序。

摇青是使叶缘细胞组织受摇青机的摩擦作用以及叶与叶之间的碰撞作用而被破坏，使茶多酚等化合物与酶接触，促进物质的转化，产生一种独特的香气。还可以促进水分的蒸发。

在摇青过程中，叶片组织细胞因震动而增强吸水力，输导组织的输送机能由此提升，茎梗里的水分通过叶脉往叶片输送，梗里的香味物质随着水分向叶片转移，水分从叶面蒸发，而水溶性物质在叶片内积累起来。由于梗脉中的水分向叶片渗透，叶子在摇青后恢复苏胀状态，这称为还青，又称还阳。摇青 3 ～ 5 min 后转入静置过程，经过一段时间的静置，叶片处于相对停止状态，继续蒸发水分，叶片失水多，梗里失水少，叶片又呈凋萎状态，称为退青。

摇青和静置交替进行，经过 5 ～ 7 次摇青和静置，叶片绿色减退，叶边缘红色加深，呈朱砂红，叶脉透明，叶形呈汤匙状，外观硬挺，手感柔软，散发出浓郁花香。

### （三）杀青

杀青也称炒青，是以高温钝化酶的活力，固定做青形成的品质，为揉捻创造条件，并进一步纯化香气的工序。炒后揉捻，初步成条后复炒，有弥补炒青不足的作用，但更主要的是使茶条受热，提高茶条可塑性与黏性以利于复揉、紧结条索。复炒时，初揉叶外溢的茶汁在高温作用下产生急剧变化，内含物的焦糖化和果胶物质的转化对提高香气和滋味有良好的作用。

制作石榴乌龙茶的鲜叶较老，又经过萎凋和做青，含水量较少，叶质脆硬，宜采用高温快炒，以闷炒为主，使叶温快速升高，但又不至于产生“水闷味”，适当抛炒可蒸发水分，同时保持叶质柔软，便于揉捻整形、不产生“水闷味”。因此，往往采用高温炒青，热揉快揉短揉。

炒锅温度为 230 ℃ 以上，高温闷炒，历时 7 ～ 10 min 出青。出青时需尽快出尽，否则易过火变焦。

### （四）揉捻

出锅后应该及时揉捻。可手工揉捻，也可采用揉捻机。采用揉捻机时，需快速将杀青叶盛入，趁热揉捻，装茶量需达到揉捻机盛茶桶高的 1/2 至满桶；揉捻过程中应秉持先轻压后逐渐加重压的原则，全程需 5 ～ 8 min。杀青叶过老时，需注意加重压，以防出现条索过松、茶片偏多等现象。

#### （五）烘焙

茶叶用烘干机进行烘焙，分为毛火与足火。毛火温度为 120 ℃～ 150 ℃，毛火高温，可代替复炒的作用，历时 10 ～ 15 min，毛火叶含水量 20% ～ 25%，下机。经摊晾 60 min 后足火，足火温度 100 ℃～ 110 ℃，历时 15 ～ 17 min，毛茶含水量 6%。

## 第十一节　石榴加工副产品的综合利用及开发

目前石榴最主要的消费途径是鲜食或被加工成果汁、果酒、果醋、果酱等。石榴可直接食用的部分仅占总重量的 15% ～ 40%，因此在石榴加工过程中会产生大量的加工副产品，包括石榴皮、石榴籽和石榴渣等。而这些副产品中含有大量的活性物质，它们是良好的功能性食品的加工原料。

大量研究显示，石榴皮、石榴籽中富含黄酮、多酚、多糖、生物碱、果胶、单宁等多种成分，具有消炎、抗菌、抗氧化、调节免疫功能等功效。因此，许多药用有效成分可以从石榴废弃的皮、渣、籽中提取得到，这为丢弃的石榴皮、石榴渣和石榴籽找到了一条新的利用途径，有利于实现石榴资源的综合利用。对石榴副产品的综合利用可大大提高石榴加工产业利润，延长产业链。

### 一、黄酮类化合物的提取

黄酮类化合物主要是指 2– 苯基色原酮类化合物，现泛指两个具有酚羟基的苯环（A 环和 B 环）通过中央三个碳原子相互连接而成的一系列化合物。多数黄酮类化合物为结晶性固体，少数（如黄酮苷类）为无定形粉末，其是否有颜色则与分子中是否存在交叉共轭体系及助色团（–OH、$–OCH_3$ 等）的种类、数目以及取代位置有关。黄酮类化合物的溶解度因其结构及存在状态（苷或苷元、单糖苷、双糖苷或三糖苷）不同而有很大差异，一般游离苷元难溶或不溶于水，易溶于甲醇、乙醇、乙酸乙酯、乙醚等有机溶剂及稀碱液中。

石榴的果皮和籽中含有大量的黄酮类化合物，目前从石榴中分离得到的黄酮类成分主要有黄酮、黄酮醇、花色素、黄烷 -3- 醇等。

### （一）有机溶剂提取法

有机溶剂提取法是目前使用最广泛的一种对黄酮类化合物进行提取的方法，它主要是根据被提取物的性质及伴随的杂质种类选择适合的提取溶剂。一般选用甲醇、乙醇、丙酮、乙酸乙酯、水和某些极性较大的混合溶剂进行提取。甲醇和乙醇是最为常用的两种有机溶剂。刘素果等以乙醇为提取溶剂提取石榴果皮中的总黄酮，最适提取工艺条件为乙醇体积分数 60%，提取温度 60 ℃，提取时间 2 h，料液比 1 ： 20，优化工艺后提取的石榴皮总黄酮得率高达 56.25%。[①]

### （二）碱液提取法

黄酮苷类难溶于酸性水，易溶于碱性水，故可用碱性水提取，再将碱水提取液调至酸性，黄酮苷类即可沉淀析出。但应注意所用碱液浓度不宜过高，以免黄酮母核在强碱性下，尤其在加热时遭到破坏。在加酸酸化时，酸性也不宜过强，以免生成盐，致使析出的黄酮类化合物又重新溶解，降低产品产出率。

### （三）超声波提取法

超声波提取以其高效、快速、价廉等优点在活性成分提取方面得到了广泛的应用。牛俊乐等对石榴皮黄酮类化合物的最适提取工艺条件进行了研究，最佳提取条件为乙醇体积分数 70%，超声波提取时间 40 min，料液比 1 ： 40，此时提取的石榴皮黄酮类化合物的含量为 148.09 mg/g。[②] 梁珍等对采用超声波辅助提取石榴皮中的总黄酮的工艺进行了优化，石榴皮总黄酮超声辅助浸提最佳工艺条件为粒径 100 目、提取溶剂为 60% 乙醇、料液比为 1 ： 60、浸提 60 min。在此提取条件下，石榴皮总黄酮提取率为 119.5 mg/g。[③]

### （四）微波提取法

微波提取是利用不同结构的物质在微波场中吸收微波能力的差异，使物质中

---

① 刘素果，任琪，温媛媛，等．石榴果皮总黄酮的提取工艺 [J]. 经济林研究，2010, 28(3): 62–68.

② 牛俊乐，黄斌，黄秋月．石榴皮中黄酮类化合物提取工艺优化及含量测定 [J]. 安徽农学通报，2017, 23(4): 74–75.

③ 梁珍，涂宝娟，木本荣，等．常温浸提超声辅助石榴皮总黄酮的工艺优化 [J]. 药物化学，2020, 8(2): 21–28.

的某些区域或提取体系中的某些组分被选择性加热，从而使被提取物从物质或体系中分离。这种方法的优点是对提取物具有较高的选择性、提取率高、提取速度快、溶剂用量少、安全、节能、设备简单。石榴皮中黄酮的微波辅助最佳提取工艺条件是乙醇浓度为 90%、微波功率为 140 W、提取时间为 60 s、料液比为 1 ∶ 15。

#### （五）双水相萃取法

双水相萃取技术是一种新型的液—液萃取技术，已应用于植物活性成分的提取分离中。物质进入双水相体系后，受体系中表面性质、电荷作用、各种力作用和溶液环境等的影响，各成分在两相间进行选择性分配以达到萃取分离的目的。该技术在黄酮类化合物的分离中得到了较好的应用。

#### （六）热水浸提法

称取 5 g 石榴皮粉末加水 80 mL，浸泡一段时间后，煮沸 1 h，过滤，浓缩至近干，加 30% 乙醇溶解，然后加入 20 mL 石油醚脱色 2 次，弃去醚层，置于 25 mL 容量瓶中。用 30% 乙醇定容，作为待测液。

#### （七）酶法提取

酶法提取是利用酶对细胞结构的破坏作用，使植物组织得以分解，加快有效成分的释放，从而达到提取分离的目的，且能够提高提取率。

### 二、多糖类物质的提取

石榴皮中含有丰富的多糖，多糖是由多于十个相同或不同的单糖基以糖苷键相连而构成，具有抗肿瘤、抗氧化、抗病毒等生物活性，是目前研究的热点。

#### （一）有机溶剂提取法

将石榴皮烘干后进行粉碎，过 50 目筛，用体积分数为 20% 的乙醇溶液进行提取，提取温度为 80 ℃、提取时间为 6 h、料液比为 1 ∶ 20（g ∶ mL）。在此条件下，石榴皮多糖提取率达到 9.45%。用三氯乙酸法脱除石榴皮粗多糖中的蛋白质，脱蛋白率为 88%，多糖损失率 9.0%。S–8 型大孔吸附树脂去除石榴皮粗多糖色素效果最佳，色素去除率为 75%。

#### （二）微波辅助提取

称取一定质量的石榴皮干粉，按一定比例加入蒸馏水，用微波辅助进行提取，处理一定时间后进行过滤，得上清液，并对滤渣进行二次提取，合并上清液，在 45 ℃ 条件下进行真空旋转浓缩得浓缩液，向浓缩液中加入 4 倍体积的 85% 乙醇，4 ℃ 避光保存过夜，然后进行抽滤，得到的沉淀于 45 ℃ 进行干燥便可得到石榴皮多糖。最佳提取条件：液料比为 44.13 ∶ 1（mL : g）、提取时间为 10.02 min、微波功率 446 W，在此条件下石榴皮多糖的得率为 10.59%。

#### （三）超声波辅助提取

超声波辅助提取法是一种从植物中提取有效成分的重要方法，依靠的是超声波的空化效应、热效应和机械作用，近年来被广泛用于植物有效成分的提取研究。超声波技术也可应用于石榴皮多糖的提取，最佳的提取工艺条件为提取温度 48.5 ℃，提取时间 36 min，超声波功率 390 W。在此条件下，石榴多糖提取率为 15.95%。

#### （四）复合酶法

石榴籽经过手工搓洗、低温干燥后，粉碎，采用石油醚脱脂后，加入果胶酶、纤维素酶和甘露聚糖酶组成的复合酶进行酶解反应。复合酶法提取石榴籽多糖的最佳工艺条件：液料比为 20 ∶ 1( mL : g)、介质 pH=4.5、酶解温度 48.5 ℃、酶解时间 287 min。在此提取条件下，石榴籽多糖的得率为 2.83%。

### 三、多酚的提取

多酚是一类具有较强抗氧化活性的物质，能有效地清除各种氧自由基，保护机体免受氧化应激的损害。石榴皮和石榴籽均含有丰富的多酚物质，其组成成分包括安石榴苷、没食子酸、儿茶素、绿原酸、表儿茶素、咖啡酸、芦丁等多种化合物。多酚物质的提取方法一般有热水提取法、溶剂提取法、碱性烯醇或碱性水提取法、超声波辅助提取法、微波提取法和超临界 $CO_2$ 提取法。不同的提取试剂对多酚提取效率的影响不同，当水作提取剂时，由于其能溶解石榴皮粉中的糖及蛋白类物质，会导致提取液成分复杂，不利于后续纯化，不能将多酚完全提取出来。目前大多采用水与有机试剂的混合体系来进行提取。另外，提取效率还与温度、pH 值、提取剂种类及比例有关。

### 四、鞣花酸的提取

鞣花酸是一种天然多酚二内酯，属于没食子酸的二聚衍生物，在石榴皮中含量较高。鞣花酸是由六羟基联苯二甲酸脱水后形成，鞣花酸的羟基被取代后可形成各种不同的鞣花酸衍生物。

鞣花酸是强极性的多酚二内酯，微溶于水、醇，溶于碱、吡啶，不溶于醚。目前，鞣花酸的主要提取方法有以下几种。

### （一）传统提取法

传统提取法是目前国内外生产使用最广泛的方法之一。常用的提取方式有索氏提取、回流提取、煎煮、浸渍等。传统提取法的原理是将被提取材料粉碎后，依据目标提取物溶解度和稳定性的不同选择不同的有机溶剂和提取方式进行提取。在石榴粉碎样品中加入 12 倍量的 85% 的丙酮，80 ℃ 下回流提取 90 min，真空抽滤，将滤液真空旋转蒸发得到含鞣花酸的浓缩液。

### （二）超声波提取法

超声波提取法的原理是利用超声波产生的空化效应和机械作用，有效地破碎所提取材料的细胞壁，使有效成分呈游离状态并溶入提取剂中，还可以加速提取剂的分子运动，使有效成分从被提取材料到提取剂中的传质速率提高。有研究在温度 60 ℃、水解酸度 1.5 mol/L、超声萃取 30 min 的条件下快速高效地从石榴皮中提取鞣花酸，提取率最高达 4.3%。超声波提取法具有提取率高、提取时间短、提取温度低的独特优势。

## 五、石榴籽油的提取

石榴籽油中石榴酸含量为 64% ～ 83%，具有防治高血脂症、防治心脑血管疾病、抗肿瘤等效应。近年研究表明，石榴籽油及提取物具有较好的抗氧化、防治乳腺癌、降血糖、抗腹泻等作用，石榴酸及其共轭三烯异构体对鼠肿瘤细胞和人单核白血病细胞有强的细胞毒活性，石榴籽油是对健康有益的一种可食用油脂。

### （一）冷榨法

压榨法是一种传统的油脂提取方法，其原理是以强大的外界压力压榨油料，使其细胞破裂，油分流出。热榨法是油料经高温（120 ℃～ 130 ℃）炒焙后再受物理压榨的方法。冷榨法是完全以物理机械作用制油的方式。冷榨法整个过程都在低温下进行，所获得的冷榨油无须像常规油脂一样需进一步精炼，仅经过过滤即可满足食用油标准，是一种绿色环保的生产技术，适合高含油油料压榨生产高品质的油脂。该法在室温下操作，所得油脂质量好，可保持原有的新鲜香味，但操作复杂，出油率低，所得产品不纯，通常由于含有水分、黏液质及细胞组织等杂质而呈混浊状态。

石榴籽油的提取采用 60 ℃ 冷榨技术，不经高温蒸炒，靠物理压力将油脂直接从原料中分离出来，全过程无任何化学添加剂，保证产品安全、卫生、无污染，天然营养不受破坏；确保了各种维生素、矿物质和单不饱和脂肪酸的完整保留；只榨取第一道原汁，富含油酸、亚油酸、维生素 E、锌、钙等多种人体需要的营养元素，不含胆固醇。

1.冷榨设备的选择

选用双对辊式破碎机、真空液压螺旋榨油机、滤油机、油泵、软胶囊包装机等。

2.工艺流程

石榴籽→脱壳及壳仁分离→清理除杂→冷榨毛油→粗滤→精滤→冷榨油输送→软胶囊包装。

3.操作要点

（1）原料选择。选优质饱满、充分成熟、含油量高的石榴籽。

（2）脱壳及壳仁分离。利用破碎机破碎种子，筛选脱壳，使壳仁分离，可以提高出油率，缩短压榨时间，避免营养物质的损失。

（3）清除杂质。通过风选，清除较轻的杂质；通过筛分，清除石子、细沙等杂质；较大杂质、霉变颗粒可人工去除。

（4）冷榨毛油。冷榨设备选用真空液压螺旋榨油机。果仁破碎，不需加热，送入冷榨机，送料要均匀，输送螺旋把原料送入液压位，压出的油进入真空滤油器，分离出油脂。开始压榨时进料不能太快，否则榨膛内压力突然增加，榨螺轴转不动，会造成榨膛堵塞，甚至使榨笼破裂，发生重大事故。进料应均匀缓慢地投入进料斗，使榨油机进行跑合。开始压榨时榨膛温度低，可缓慢拧动，调节螺柱上的手柄，加大出饼厚度，同时提高入榨坯料的水分。待榨膛温度升至 70 ℃左右，榨油机正常运转后，可将出饼厚度调至 1.5 ～ 2.5 mm，并将紧固螺母旋紧。 反复榨 2 ～ 3 次即可将油榨尽，在这期间可将含油较多的油渣均匀地掺入料坯中压榨，下料时要保持均匀，切忌忽多忽少，否则会影响榨油机的寿命和出油率。

（5）粗滤。采用纯天然滤布，过滤较大固体颗粒。

（6）精滤。采用膜过滤装置，滤去微小颗粒物和胶体及大分子物质。此步骤能大限度保存维生素，而不会掺杂进有害物质。

（7）冷榨油输送。全封闭管道输送，进入软胶囊包装车间。

（8）包装。软胶囊包装，装瓶，密封，贴标签。

### （二）溶剂浸出法

溶剂浸出法是应用固液萃取的原理，选用石油醚、乙醚、三氯甲烷等能够溶解油脂的有机溶剂，通过对油料的浸泡或喷淋，使油料中油脂被萃取出来的方法。翟文俊等以石榴籽超微粉为原料，用乙醇—石油醚溶剂浸提石榴籽油，提取率最大可达34.86%。[①] 赵文英等考察加热回流提取法中不同溶剂对石榴籽油的提取率的影响，并进行性状检查，结果表明以石油醚为溶剂的提取率最高，所得产品纯净无杂质，粕中蛋白质变性程度小。[②]Eikani等采用过热正己烷浸提石榴籽油，研究得到最佳提取温度80 ℃，颗粒平均直径0.25 mm，正己烷流量1 mL/min，处理时间2 h，提取率可达22.18%，效率明显高于索氏提取法和压榨法。[③]

### （三）微波辅助提取法

目前，把微波应用于植物油脂提取中的研究和应用还处于起步阶段。李文敏等比较了常规回流提取与微波提取法对石榴籽油提取率的影响，结果表明两者出油率有显著性差异（$p<0.01$），微波提取法较优，出油率较高。[④] 朱丽莉等选择正己烷为提取剂，在微波辅助提取工艺研究中，微波功率420 W，料液比1 ∶ 4，处理时间50 s×5（每次处理50 s，间歇处理5次），石榴籽油得率为15.48%。在此条件下微波辅助提取比一般有机溶剂提取石榴籽油的得率要高，且提取时间短，溶剂用量少。[⑤]

### （四）超声波辅助提取法

超声波提取油脂工艺简单，提取率高，提取时间短，所需温度低，具有良好

---

① 翟文俊，岳红．超微粉碎辅助提取石榴籽油的研究 [J]. 食品科技，2009, 34(4): 164–166.

② 赵文英，崔波，朱政，等．提取方法对石榴籽油提取率及抗氧化活性的影响 [J]. 中国林副特产，2010(4): 4–6.

③ EIKANI M H, GOLMOHAMMADA F, HOMAMI S S. Extraction of pomegranate (Punica granatum L) seed oil using super–heated hexane[J]. Food and Bioproducts Processing, 2012, 90(1): 32–36.

④ 李文敏，敖明章，余龙江，等．石榴籽油的微波提取和体外抗氧化作用研究 [J]. 天然产物研究与开发，2006(3): 377, 378–380.

⑤ 朱丽莉，童军茂，李疆，等．微波辅助有机溶剂提取石榴籽油工艺的研究 [J]. 中国油脂，2010, 35(4): 11–13.

的应用前景。杨兆艳等比较 3 种不同有机溶剂对超声波辅助提取石榴籽油的影响，最终确定以石油醚作为浸提溶剂较好。[①] 高振鹏等通过正交试验采用超声波强化有机溶剂提取的石榴籽油得率为 23.84%，高于普通方法提取的石榴籽油得率 17.59%。[②] 苗利利等采用超声波辅助提取石榴籽油，发现原料粉碎粒度对石榴籽油的出油率影响较大，当原料粒度为 60 目时，提取效果最好，出油率可达 29.0%。[③] 而张立华等研究认为料液比是影响超声波提取石榴籽油提取效果的主要因素，在料液比为 1 ： 4 ～ 1 ： 8 时，随着提取溶剂用量的增加，出油率明显增大，但是当料液比超过 1 ： 8 时，出油率降低。[④]

### （五）超临界二氧化碳萃取法

与一般的萃取分离技术相比，超临界流体萃取具有良好的选择性、渗透性和传递性，溶解度大，萃取率高，操作条件温和，避免了有毒溶剂的使用，特别适用于分离热敏性物质。焦静等研究表明石榴籽的粉碎度、装料量、萃取温度、萃取压力和 $CO_2$ 流量是影响石榴籽油萃取率的重要因素，试验得出超临界 $CO_2$ 萃取石榴籽油的合适工艺参数是粉碎度 40 目、装料量 200 g，萃取压力 30 MPa，萃取温度 40 ℃，$CO_2$ 流量 15 L/h，分离压力 8 MPa，分离温度 35 ℃，萃取率达 23.55%，产品质量好。[⑤]

### （六）水酶法

水酶法提油是一种新兴的提油方法，它是在机械破碎的基础上，采用一些酶如纤维素酶、果胶酶、淀粉酶、蛋白酶等处理油料，对油料组织以及脂多糖、脂蛋白等复合体进行降解而使油脂分子得以释放。苗利利等以陕西临潼石榴籽为原料，利用水酶法提取石榴籽油，通过单因素和二次正交旋转组合试验研究了不同提取条件对石榴籽油出油率的影响，确定了石榴籽油的最佳提取工艺条件：Alcalase 蛋白酶添加量 1.2%、原料粒度 40 目、料液比 1 ： 5、提取温度 49.5 ℃、

① 杨兆艳，白宏伟，王璇．石榴籽油提取工艺的研究 [J]. 中国油脂，2010, 35(2): 18–20.

② 高振鹏，岳田利，袁亚宏，等．超声波强化有机溶剂提取石榴籽油的工艺优化 [J]. 农业机械学报，2008(5): 77–80.

③ 苗利利，邓红，仇农学．石榴籽油的超声辅助提取工艺及 GC–MS 分析 [J]. 食品工业科技，2008(5): 226–228, 231.

④ 张立华，张元湖，刘静，等．石榴籽油超声波辅助萃取工艺研究 [J]. 中国粮油学报，2009, 24(4): 82–86.

⑤ 焦静，郭康权，贾小辉，等．超临界二氧化碳萃取石榴籽油的研究 [J]. 食品科技，2007(1): 199–202.

提取时间 5 h、pH=8.0、离心时间 25 min，该条件下石榴籽油出油率达 18.2%，所得油脂品质较高，不需要进行脱胶。[①]

① 苗利利，夏德水，高丽娜，等．水酶法提取石榴籽油工艺研究 [J]. 食品工业科技，2010, 31(12): 265−268, 271.

# 第三章　石榴的采后生理

石榴从生长到成熟，经过完熟到衰老，就走完了一个完整的生命周期。石榴采收后，脱离了母体，失去了水分和矿物质的供给，同化作用基本停止，无法通过正常的光合作用合成有机物质，但仍具有生命活动，利用自身有机物进行呼吸，同时进行一系列复杂的生理活动。这些生理活动包括呼吸生理、蒸发生理、成熟衰老生理、低温伤害生理等，它们影响着石榴的贮藏性和抗病性。因此，只有了解了石榴采后的主要生理活动及控制方法，才能有效延长石榴的保鲜期。

## 第一节　呼吸作用

石榴采收后，其主要代谢活动是呼吸作用。呼吸作用由于同其他生理生化过程有着密切的联系，所以也影响和制约着石榴的品质、成熟、耐贮性、抗病性以及贮藏寿命。可见，控制和利用呼吸作用这种生理过程来延长贮藏期是至关重要的。呼吸作用越旺盛，各种生理生化过程进行得越快，采后寿命就越短。在石榴采后贮藏和运输过程中，要设法抑制呼吸，但又不能过分抑制，应该在维持产品的正常生命过程的前提下，尽量使呼吸作用进行得缓慢一些。

### 一、呼吸作用及其类型

呼吸作用是指生活细胞经过某些代谢途径使有机物质分解，并释放出能力的过程。根据呼吸过程是否有氧气的参与，呼吸作用可以分为有氧呼吸和无氧呼吸两大类。

#### （一）有氧呼吸

有氧呼吸是指生活细胞在氧气的参与下，把某些有机物彻底氧化分解，形成二氧化碳和水，同时释放出能量的过程。有氧呼吸是石榴呼吸的主要形式，通常说呼吸作用就是指有氧呼吸。呼吸作用中被氧化的有机物称为呼吸底物，碳水化合物、有机酸、蛋白质、脂肪都可以作为呼吸底物。一般来说，淀粉、葡萄糖、果糖、蔗糖等碳水化合物是最常被利用的呼吸底物。

如果将葡萄糖作为呼吸底物，则有氧呼吸的总反应可用下式表示：

$$C_6H_{12}O_6+6O_2 \longrightarrow 6CO_2+6H_2O+2817.7\ kJ$$

当1 mol葡萄糖直接作为呼吸底物彻底氧化时，可释放2817.7 kJ的热量，其中的45%以生物能形式（38 ATP，ATP指腺嘌呤核苷三磷酸）贮藏起来，55%以热能（1544 kJ）形式释放到体外，这部分热量称为呼吸热。

### （二）无氧呼吸

无氧呼吸一般是指在无氧条件下，生活细胞降解为不彻底的氧化产物，同时释放能量的过程。无氧呼吸释放的能量比有氧呼吸的少。无氧呼吸是一个不完全分解的过程。糖酵解产生的丙酮酸不再进入三羧酸循环，而是脱羧成乙醛，或继续还原成乙醇、乳酸等物质。葡萄糖作为底物时，生产乙醇，反应式如下：

$$C_6H_{12}O_6 \longrightarrow 2C_2H_5OH+2CO_2+87.9\ kJ$$

在石榴采后贮藏过程中，尤其是气调贮藏时，如果贮藏环境通气性不良，或控制的氧浓度过低，均易发生无氧呼吸，使产品品质劣变。长时间的无氧呼吸对于果品的贮藏是不利的：一方面，它提供的能量比有氧呼吸的要少，如以葡萄糖为底物时，无氧呼吸产生的能量为87.9 kJ，约为有氧呼吸的1/32，在需要一定能量的生理过程中，无氧呼吸消耗的呼吸底物更多，会使产品更快失去生命力；另一方面，无氧呼吸生产的有害物乙醛、乙醇和其他有毒物质会在细胞内积累，并且会疏导到组织的其他部分，造成细胞死亡或果品腐烂。因此，在贮藏期应防止产生无氧呼吸。

在呼吸过程中，有相当一部分能量以热的形式释放，使贮藏环境温度提高，并有二氧化碳积累。因此，在石榴采后贮藏过程中应加以注意。

## 二、呼吸代谢的途径

### （一）糖酵解途径

无论是有氧呼吸还是无氧呼吸，呼吸代谢都是从糖酵解开始的。糖酵解发生在细胞质中，是葡萄糖降解为丙酮酸的过程。反应式如下：

$$C_6H_{12}O_6 \longrightarrow 2CH_3COCOOH+2ATP+2NADH+2H_2O$$

一个葡萄糖经过糖酵解，生成2个ATP，2个NADH，2个NADH经电子传递链可氧化生成6个ATP，所以共生成8个ATP。糖酵解发生在细胞质中，而 NADH 的氧化发生在线粒体膜上，2 个 NADH 分子从细胞质跨膜进入线粒体，需要消耗 2 分子的 ATP，所以糖酵解净生成 6 个 ATP。

### （二）三羧酸循环途径

糖酵解形成的丙酮酸在线粒体内通过三羧酸途径继续氧化形成 $H_2O$ 和 $CO_2$。三羧酸途径包括许多中间产物的脱氢氧化过程，并与电子传递、氧化磷酸化作用相结合。三羧酸循环的总反应式如下：

$$CH_3COCOOH+O_2+GDP+4NAD+1FAD \longrightarrow 3CO_2+2H_2O+GTP+4NADH+FADH$$

由上式可见，1 个丙酮酸分子氧化生成 1 个 GTP（三磷酸鸟苷），4 个 NADH 和 1 个 FADH（还原型黄素腺嘌呤二核苷酸）。1 个 NADH 经电子传递链氧化可形成 3 个 ATP，4 个 NADH 共生成 12 个 ATP；FADH 经电子传递链形成 2 个 ATP，那么 1 个丙酮酸分子氧化生成 14 个 ATP，还有 1 个 GTP。

1 个葡萄糖氧化能形成 2 个丙酮酸，2 个丙酮酸氧化共生成 28 个 ATP 和 2 个 GTP，两者合起来相当于 30 个 ATP。加上糖酵解过程生成的 6 个 ATP，1 个葡萄糖彻底氧化应生成 36 个 ATP。实际上，还应减去起初葡萄糖磷酸化时所消耗的 1 个 ATP，那么 1 个葡萄糖彻底氧化净生成 35 个 ATP。

### （三）磷酸戊糖途径

1 个葡萄糖分子经磷酸戊糖途径彻底氧化，生成 6 个 $CO_2$ 分子和 12 个 NADPH（还原型烟酰胺腺嘌呤二核苷酸磷酸，又称为还原型辅酶 Ⅱ）。反应式如下：

$$C_6H_{12}O_6+6NADP \longrightarrow 6CO_2+12NADPH$$

与 NADH（辅酶 Ⅰ）不同，NADPH 不是经过电子传递链氧化生成 ATP，它的主要功能是通过氧化还原反应，参与体内的物质合成。当石榴遭遇逆境、受到机械损伤或被病虫害侵害时，磷酸戊糖途径活性明显上升。

## 三、呼吸相关的概念

### （一）呼吸强度

呼吸强度又称为呼吸速率，以单位鲜重、干重或原生质（以含氮量表示）的植物组织、单位时间的 $O_2$ 消耗量或 $CO_2$ 释放量表示。

呼吸强度表明了内含物消耗的快慢，反映物质量的变化。呼吸强度高，则呼吸消耗大。因此，在石榴贮藏期间要尽可能降低其呼吸强度，以减少干物质的损耗。

### （二）呼吸熵

一定质量的果品在一定时间内释放的二氧化碳同吸收的氧气的体积比用呼吸熵（RQ）表示。在一定程度上可以根据呼吸熵来估计呼吸底物的种类和呼吸的性质。

以葡萄糖为底物，完全氧化时：

$$C_6H_{12}O_6+6O_2 \longrightarrow 6CO_2+6H_2O$$

$$RQ=6CO_2/6O_2=1$$

当有机酸（苹果酸）作为呼吸底物，完全氧化时：

$$C_4H_6O_3+3O_2 \longrightarrow 4CO_2+3H_2O$$

$$RQ=4CO_2/3O_2\approx1.33$$

以脂肪、蛋白质为呼吸基质，由于它们分子中含碳和氢比较多，含氧较少，呼吸氧化时消耗氧多，所以 $RQ<1$，通常为 0.2 ～ 0.7。

例如，硬脂酸氧化时：

$$C_{18}H_{36}O_2+26O_2 \longrightarrow 18CO_2+18H_2O$$

$$RQ=18CO_2/26O_2=0.69$$

如果被氧化的物质含氧比糖类多，氧化反应如下：

$$2C_2H_2O_4+O_2 \longrightarrow 4CO_2+2H_2O$$

$$RQ=4CO_2/1O_2=4$$

从上述例子可以看出，呼吸熵越小，需要吸入的氧气量越大，在氧化时释放的能量也越多，所以蛋白质和脂肪所提供的能量很高，有机酸能供给的能量则少。呼吸类型不同时，呼吸熵数值的差异也很大。以葡萄糖为基质，进行有氧呼吸时 RQ=1；若供氧不足，无氧呼吸和有氧呼吸同时进行，则产生不完全氧化。由于无氧呼吸只释放 $CO_2$ 而不吸收 $O_2$，因此呼吸熵数值增大。无氧呼吸所占比重越大，呼吸熵数值也越大，因此根据呼吸熵也可以大致了解无氧呼吸的程度。

然而，呼吸是一个很复杂的过程，它可以同时有几种氧化程度不同的底物参与反应，并且可以同时进行几种不同方式的氧化代谢，因而测得的呼吸强度和呼吸系数只能综合反映出呼吸的总趋势，不可能准确表明呼吸的底物种类或无氧呼吸的程度。而且有时测得的数据常常不是 $O_2$ 和 $CO_2$ 在呼吸代谢中的真实数值，由于一些理化因素的影响，特别是 $O_2$ 和 $CO_2$ 的溶解度和扩散系数不同，会使测定数据发生偏差。此外，$O_2$ 和 $CO_2$ 还可能有其他来源，或者呼吸产生的 $CO_2$ 又被固定在细胞内或合成为其他物质。

### （三）呼吸热

采后果品进行呼吸作用的过程中，氧化有机物并释放的能量一部分转移到ATP和NADH分子中，供生命活动之用，另一部分能量以热的形式散发出来，这种释放的热量称为呼吸热。以葡萄糖为底物进行正常的有氧呼吸时，每释放1 mg的$CO_2$相应释放近10.68 kJ的热量，常采用测定呼吸强度的方法间接计算呼吸热。在果品贮运过程中，通常要尽快排除呼吸热，降低果品温度，否则果品自身温度会升高，刺激呼吸，放出更多的呼吸热，加速腐烂。呼吸热的积累也会使贮藏环境的温度升高，所以贮藏过程中，必须随时消除果品本身释放的呼吸热，这样才能保持恒定的温度条件，减少温度波动对果品的影响。

### （四）呼吸温度系数

在生理温度范围内（0 ℃～35 ℃），环境温度提高10 ℃时的呼吸强度与原来温度下呼吸强度的比值称为呼吸温度系数，以$Q_{10}$表示，它能反映呼吸强度随温度变化的程度，如$Q_{10}$=2～2.5，则表示呼吸强度增加了1～1.5倍。$Q_{10}$的值越高，说明呼吸强度受温度影响越大。研究表明，果品的$Q_{10}$在低温下较大，因此在石榴贮藏中应严格控制温度，即维持适宜而稳定的低温。

### （五）呼吸失调

在正常呼吸代谢过程中，各个反应环节和能量转移系统之间是前后协调平衡的。细胞进入衰老阶段或遭受破坏时，细胞结构和酶促作用的平衡受到破坏，物质转化和能量转移受挫或中断，正常生理代谢发生紊乱，称为呼吸失调。

呼吸失调的产生是当催化某一环节酶的活性被促进或抑制时，就与前后反应失去协调，使得整个反应链发生紊乱，致使某种氧化不完全的中间产物积累，细胞受害。例如，冷害会引起原生质凝固，使原来与膜结合的酶活性降低，而非膜上酶的活性相对活跃起来，这种不平衡代谢会造成ATP短缺和丙酮酸、乙醛、乙醇等有害物质积累，使细胞受害。又如，贮藏环境中高浓度的二氧化碳能抑制线粒体内琥珀酸过氧化物酶系统，引起琥珀酸、乙醛和乙醇的积累，使细胞中毒。因此，呼吸失调必然引起生理障碍，它是生理病害发生的根本原因。

### （六）呼吸保卫反应

呼吸保卫反应是指植物在逆境（冷害、干旱、病原菌侵染、机械伤等）条件下，呼吸迅速加强，抑制微生物所分泌的酶活性，防止积累有害的中间产物加强合成新细胞的成分，加速伤口愈合的现象。石榴采收后，呼吸作用在整个生命代谢中占主导地位，当石榴遭受微生物和机械伤时，能产生保卫反应。主要表现：

当植物体受机械伤时，伤口周围迅速产生并积累大量的酚类衍生物，在多酚氧化酶的作用下，酚不断氧化成醌，醌再形成褐色的聚合物，积累在伤口周围，保护伤口不受微生物的感染，同时促进愈伤组织的形成。

### （七）呼吸漂移

石榴在生命过程中，呼吸作用的强弱是变化的、高低起伏的，这种呼吸强度变化的总趋势叫呼吸漂移。

### （八）呼吸高峰

呼吸高峰是指呼吸跃变型果品在从生长停止到开始进入衰老之间的时期，其呼吸强度骤然升高，随后趋于下降，呈明显的峰形变化，这个峰即为呼吸高峰。

### （九）呼吸跃变

有些果品，呼吸强度骤然升高，达到高峰后呼吸下降，果实衰老死亡，伴随呼吸高峰的出现，体内的代谢发生很大的变化，这一现象被称为呼吸跃变。根据采后呼吸强度的变化曲线，呼吸作用又可以分为呼吸跃变型和非呼吸跃变型两种类型。

1. 呼吸跃变型

呼吸跃变型也称为呼吸高峰型。其特征是在果品采后初期，其呼吸强度渐趋下降，而后迅速上升，并出现高峰，随后迅速下降。跃变型果实在呼吸跃变过程中，果实的颜色、质地、风味、营养物质都会发生变化。在多数情况下，变化最大的时期是在呼吸跃变的最低点和高峰之间，高峰或稍后于高峰的时期是具有最佳鲜食品质的阶段，呼吸高峰过后果实品质迅速下降，不耐贮藏。各种果实出现跃变的时间和呼吸高峰的大小千差万别，出现得越快，采后果实的寿命就越短。因此，呼吸跃变期实际是果实从开始成熟向衰老过渡的转折时期。

2. 非呼吸跃变型

采后组织成熟衰老过程中的呼吸作用平缓，不形成呼吸高峰，这类果实就称为非呼吸跃变型果实。由于非呼吸跃变型果实不显示呼吸高峰，所以它的成熟比跃变型果实缓慢得多。

石榴的呼吸属于非呼吸跃变型，果实呼吸比率较低，无呼吸高峰出现，产生的乙烯量很少，而且对外加乙烯处理无反应。

## 四、影响石榴呼吸的因素

### （一）温度

在一定的贮藏温度范围内，温度越低，石榴的呼吸越弱，贮藏期越长，但过低也会影响正常的生理代谢，造成石榴损伤。因此，应在不破坏石榴正常生理的条件下，尽可能维持较低的温度，使其呼吸作用降至最低。此外，贮藏温度忽高忽低波动也会刺激石榴的呼吸作用。因此，要尽量保持稳定而适宜的低温。

### （二）相对湿度

与温度相比，湿度对呼吸的影响显得较为次要。一般认为，轻度干燥比在湿润条件下有利于降低呼吸强度。但贮藏环境相对湿度过低会刺激石榴内部水解酶，使其活性升高，呼吸底物增加，从而呼吸作用增强。

### （三）环境气体成分

贮藏环境中影响石榴呼吸的气体主要有氧气、二氧化碳和乙烯。贮藏环境氧的含量的作用主要表现在增强或减弱石榴的呼吸作用。氧气浓度的改变不仅会影响呼吸强度，还会改变呼吸类型。呼吸作用会因环境中氧浓度下降而受到抑制，一般氧浓度低于 7% 时对呼吸有抑制作用，当低于 5% 时可较大程度降低呼吸作用，但低于 2% 时常会导致石榴进行无氧呼吸，因此贮藏中一般将氧气浓度保持在 2% ～ 5%。环境中二氧化碳的增加也会减弱呼吸作用，但浓度过高会造成石榴组织伤害，缩短贮藏期。石榴贮藏环境中二氧化碳浓度通常为 1% ～ 5%，单独降低氧气浓度或增加二氧化碳浓度对呼吸都有抑制作用，如果将这两种措施结合起来，那么就会对呼吸作用产生相加的抑制效果，而且两者结合的比例越恰当，对呼吸的抑制效果越明显。

在贮藏过程中，石榴产生乙烯的量很少，对外源乙烯也没有反应。

### （四）机械伤

任何机械伤，即便是轻微的挤压和擦伤都会导致采后石榴产品呼吸强度不同程度的增加，不利于贮藏，应尽量避免石榴受机械损伤和微生物侵染。石榴受机械损伤后，呼吸强度会明显提高。组织受伤引起的呼吸强度不正常的增加称为“伤呼吸”。呼吸强度的增加与损伤的严重程度成正比。

因此，在采收、分级、包装、装卸、运输和销售等环节中，必须做到轻拿轻放和包装良好，以避免机械损伤。

#### （五）化学物质

一些化学物质，如青鲜素、矮壮素、6- 苄基腺嘌呤、赤霉素、脱氢醋酸钠等对呼吸强度都有不同程度的抑制作用，其中一些也是果品保鲜剂的重要成分。

## 第二节　蒸腾生理

蒸腾作用指水分以气体状态，通过植物体的表面，从体内散发到体外的现象。

### 一、蒸腾失水对石榴品质及贮藏性的影响

#### （一）失重、失鲜

蒸腾作用在采后石榴上的最主要表现是失重和失鲜。石榴采收后，只有蒸腾作用而失去了水分的补充，所以在贮藏过程中会失水萎蔫，含水量不断降低，产品的重量不断减少，这种失重通常称为自然损耗。自然损耗包括水分和干物质两个方面的损失，蒸腾失水是造成石榴采后重量损失的最主要原因，它与商业销售直接相关，会造成经济损失。蒸腾失水会使细胞膨压降低，果皮出现皱缩、光泽消失，质地变疲软，这些都是失鲜的表现。一般情况下，果品失水 5% 就会出现萎蔫和皱缩。

#### （二）破坏生理代谢过程

石榴水分蒸腾时，细胞膨压降低，细胞紧张状态减弱，组织发生萎蔫，正常的呼吸受到干扰，正常能量代谢遭到破坏。另外，蒸腾失水会使细胞液浓度增高，其中有些溶质和离子的浓度可能增高到有害的程度，会引起细胞中毒。原生质脱水还会引起一些水解酶的活性升高，加速某些水解作用和糖酵解作用，引起氧化磷酸化解偶联，刺激呼吸和加速衰老过程。

#### （三）降低耐贮性和抗病性

失水萎蔫破坏了正常的代谢作用，水解过程加强，细胞膨压下降造成机械结构特性改变，必然影响果品的耐贮性和抗病性。

## 二、与蒸腾有关的一些基本概念

干空气含有 78% 的 $N_2$、21% 的 $O_2$、0.03% 的 $CO_2$、0.94% 的稀有气体以及其他气体和杂质。湿空气是由干空气和水蒸气组成的，绝对湿度指的是每立方米湿空气所含水蒸气的质量，即水蒸气密度。如果将水置于密闭的干空气中，水分子就会不断进入气相，直到空气变得饱和为止。空气的饱和水汽压受温度和压力的影响，水分的蒸发是一个需要能量的物理过程。

### （一）相对湿度（RH）

相对湿度是人们用来表示空气湿度的常用名词术语，它表示空气中的水蒸气压与该温度下饱和水汽压的比值，用百分数表示。因此，饱和空气的相对湿度就是 100%。果品处于空气中时，空气中的含水量会因果品的失水而增加，或因果品吸水而减少。当进出空气的水分子数相等时，湿度达到平衡，此时的相对湿度叫作平衡相对湿度，纯水的平衡相对湿度为 100%。

果品细胞中由于渗透压作用，含水量很高，大部分游离水容易蒸发，小部分结合水不易蒸发。同时，果品中含有溶质，果品的水蒸气压不是 100%。因此，新鲜果品不能使周围的空气变得饱和。

### （二）饱和湿度及饱和差

饱和湿度是空气达到饱和时的含水量，它随着温度的升高而增大。饱和差是饱和湿度与绝对湿度的差值，它直接影响果品的蒸腾作用。饱和差越大，空气从果品吸水的能力就越强。

在生产实践中常通过测定相对湿度来了解空气的干湿程度，由于相对湿度不能单独表明饱和差的大小，还要看温度的高低，所以测定相对湿度的同时，还应测定空气温度，这样才能正确估计出果品在该温度下蒸腾作用的大小。例如，1 $m^3$ 容积的空气中含有 7 g 水蒸气，当温度为 15 ℃ 时，空气要达到饱和所需要的水蒸气为 13 g，那么该空气在 15 ℃ 时的相对湿度 $RH=7\div13\times100\%=54\%$；如果空气中的含水量不变，而温度由 15 ℃ 降至 5 ℃，此时空气达到饱和只需要 7 g 水蒸气，那么空气的相对湿度就变为 $7\div7\times100\%=100\%$ 了。

## 三、影响石榴蒸腾作用的因素

### （一）温度

温度对蒸腾速率的影响很大，温度高，蒸腾作用加速，当石榴温度降到与贮藏环境一致，并且该温度是石榴的最适贮温时，石榴的蒸腾作用就会得到缓解。

#### （二）相对湿度

影响蒸腾速率大小的另一因素是贮藏环境的水蒸气饱和差。温度相同时，空气湿度直接影响到蒸腾强度，饱和差越大，空气吸水力越强，蒸腾就越大。一般来讲，果品贮藏需要较高的相对湿度环境，相对湿度低会加速石榴的干耗损失。

#### （三）空气流动

贮藏环境中的空气流动可把石榴周围空气中的水汽带走。当空气流动速率增大时，水蒸气扩散层被吹散，附着在石榴表面的水汽减少，石榴表面附近水蒸气压差增大，因而石榴失水速率增大。

### 四、控制蒸腾失水的措施

#### （一）降低温度

降低温度是防止失水的重要措施，低温下饱和湿度小，失水缓慢。

#### （二）提高湿度

贮藏中可以采用地面洒水、挂湿帘、加湿器加湿等方法增加贮藏环境的含水量，达到抑制水分蒸腾的作用。

#### （三）控制空气流动

在石榴的贮藏中，除了必要的通风换气和空气循环外，应尽量减少空气的流动。

#### （四）包装

良好的包装不但能保护石榴不受机械损伤，而且包装物的物理障碍作用能够使包装内的空气湿度增大，使石榴的蒸腾失水减少。尤其是用塑料薄膜包装产品，可有效地减少蒸腾失水。用纸包装也有减轻失水的效果。

#### （五）打蜡、涂膜

用蜡液或其他涂料涂被果面，除对石榴具有美化作用外，还能够为果面增加保护层，有效降低蒸腾失水。

### 五、结露现象

当空气中水蒸气的绝对含量不变，温度降到某一点时，水蒸气达到饱和而凝结成水珠，这种现象称为结露。例如，在贮藏窖、库中堆大堆，或者采用大箱贮藏时，偶尔可以看到堆或箱的表面产品湿润或有凝结水珠；采用塑料薄膜帐、袋封闭气调贮藏果品时，偶尔会看到薄膜内壁面有凝结水珠。库内温度波动、包装太大、堆集过密、通风散热不好、薄膜封闭贮藏、预冷不彻底、入库和出库时温差大等不当操作容易造成结露。

结露后，附着或滴落在果品表面的液态水有利于微生物孢子的传播、萌发和侵入，特别对于受机械伤的果品，更容易引起腐烂。所以，结露必然导致增加腐烂损失。

控制结露的最有效方法是避免温差的出现，具体措施如下：石榴入库前要充分预冷，设法消除或尽量缩小库温与品温的温差，防止贮藏库内温度急剧变化；塑料薄膜气调冷藏的石榴需充分预冷后才能装袋、封帐，防止袋、帐内外出现较大温差；在贮藏过程中要尽量避免库温较大或较频繁波动，维持稳定的低温状态，保持相对平稳的相对湿度；在石榴包装容器周围设置“发汗层”；堆藏石榴时，不要堆得过高过多，要留有通风孔和必要的空间，保证具有良好的通风条件，以利于自然通风散热；石榴出库时应逐渐升温，尽量减小其与外界环境温度的温差。一旦石榴结露，就应采取适当措施，除去过多的水分。

## 第三节　生理病害及病理病害

石榴的生理病害是指在生长发育、运输和贮藏过程中，受到如肥料、水分以及贮藏环境中温度、湿度、气体成分等因素的影响，外表及内部发生的不正常变化。病理病害是指病原微生物的侵染引起的果品的腐烂。

### 一、冷害

果品在 0 ℃ 以上的低温中表现出的生理代谢不适应的现象称为“冷害”。石榴发生冷害后如不及时加以控制，在后期的贮藏过程中冷害会对果实品质产生不利影响，造成严重损失。

石榴对冷害较为敏感，冷害的发生与发展程度依贮藏温度和持续时间而定，从冷藏条件下移入 20 ℃ 环境后症状会变得更为明显，外部症状主要表现为表面凹陷、表皮褐变以及表皮组织坏死；内部症状表现为籽粒发白、白色隔膜褐变、果实易感染真菌病害。

石榴发生冷害的根本原因是低温胁迫对细胞膜系统造成破坏，包括细胞膜结构的变化、膜透性的变化、膜脂成分的变化和膜蛋白的变化等。细胞膜是使细胞内环境稳定的界面结构，细胞膜的稳定性和流动性是细胞正常代谢的基础。细胞膜主要是由蛋白质和脂肪构成的，脂肪正常状态下呈液态，受冷害后，变成固态，使细胞膜发生相变。这种低温下细胞膜由液相变为液晶相的反应被称作冷害的第一反应。细胞膜发生相变后，随着产品在冷害温度下时间的延长，还会有一系列的变化发生：膜外形与厚度发生变化，细胞膜出现孔道和龟裂，脂肪酸链从无序变为有序排列，膜流动性减弱。细胞膜结构的变化增加了细胞膜透性，细胞内外离子外漏，会打破细胞内外离子平衡状态，改变细胞代谢。膜脂成分的变化主要是饱和脂肪酸和不饱和脂肪酸的比例、膜脂种类的变化。膜脂碳链长度、不饱和度影响果实的抗冷性能，碳链越短、不饱和度越高，果实抗冷性越好。膜蛋白的变化包括原有蛋白构型、活性的变化以及新蛋白的合成，膜蛋白的变化同样影响果实的抗冷性能。

防止冷害的措施如下。

低温预贮调节。采后在稍高于临界温度的条件下放置几天，增加耐寒性，可缓解冷害。

适温贮藏。根据石榴的特性给予适宜的贮藏温度是避免冷害发生的根本措施。

间歇升温。低温贮藏期间，在石榴还未发生伤害之前，就将石榴产品升温到冷害临界温度以上，使其代谢恢复正常，从而避免出现冷害，但应注意升温太频繁会加速代谢，反而不利于贮藏。

提高相对湿度。相对湿度接近 100% 可以减轻冷害症状，相对湿度过低则会加重冷害症状。采用塑料薄膜包装可以保持贮藏环境的相对湿度，减少冷害。

气调贮藏。1.7% ～ 7.5% 的二氧化碳浓度都能够影响冷害的发生，贮藏中适当提高二氧化碳浓度、降低氧浓度可减轻冷害。对防止冷害来说，7% 是最适宜的氧浓度。

化学处理。氯化钙、苯甲酸钠等化学物质可以通过降低水分的损失、修饰细胞膜脂类的化学组成和升高抗氧化的活性，减轻冷害。

## 二、冻害

冻害是果品在组织冰点以下的低温下，细胞间隙内水分结冰的现象。

石榴处于其组织冰点以下的低温环境中时，细胞间隙内水分开始结冰，在缓慢冻结的情况下，水分不断从原生质和细胞液中渗出，细胞内水分开始结冰，冰晶体体积不断增大，细胞脱水程度不断加大，严重脱水时细胞质壁会分离。石榴受冻害后，组织最初出现水渍状，然后变为透明或半透明水煮状，有异味，色素降解，颜色变深、变暗，表面组织产生褐变，出库升温后，会很快腐烂变质。

冻害的发生需要一定的时间，如果贮藏温度稍高于石榴冰点或低于石榴冰点的时间很短，细胞膜没有受到机械损伤，原生质没有变性，则这种轻微冻害危害不大，采用适当的解冻技术就可以使细胞间隙的冰逐渐融化，被细胞重新吸收，细胞就可以恢复正常。在解冻前切忌随意搬动，已经冻结的产品非常容易受到机械损伤，可采用缓慢解冻技术使其恢复正常，在 4.5 ℃ 下解冻最好，温度过低，附着于细胞壁的原生质吸水较慢，冰晶体在组织内保留时间过长会伤害组织；温度过高，解冻过快，融化的水来不及被细胞吸收，细胞壁有被撕裂的危险。但是如果细胞内水分外渗到细胞间隙内结冰，损伤了细胞膜，原生质发生不可逆凝固，加上冰晶体的伤害，即使产品外表不表现冻害症状，产品也会很快败坏，解冻以后仍不能恢复原来的新鲜状态，风味也会遭受影响。

## 三、褐变

褐变是石榴果实极易发生的生理病害，褐变部分进一步发展易感染霉菌。酶促褐变是引起石榴果实褐变的主要原因。石榴果实含有类黄酮、单宁、酚酸等可溶性酚类物质，随着果实衰老或环境胁迫，不良的贮藏条件会加剧细胞膜脂过氧化反应，细胞膜脂过氧化产物丙二醛（MDA）积累过多，会增大细胞膜的通透性，酶与底物区域化被解除，在多酚氧化酶、苯丙氨酸解氨酶和过氧化物酶等一系列酶的作用下容易发生褐变。石榴果实的酶促褐变是果实衰老的自然生理过程，但是其他外部条件会促进酶促褐变的发生，如机械损伤、低温冷害等。雷鸣等以陕西临潼“净皮甜”石榴为材料，分析石榴果皮的褐变机制。结果表明，石榴在贮藏期间，果皮总酚、单宁、水分、花青素含量及过氧化氢酶活性均呈下降趋势，而丙二醛含量、电导率和多酚氧化酶活性呈上升趋势，果皮褐变度升高，初步确定单宁是石榴果皮褐变的底物，PPO 酶是作用酶系。[①] 刘兴华等研究表明，

① 雷鸣，何瑛，张有林．石榴果皮褐变的生化机制研究 [J]. 陕西农业科学，2011, 57(5): 36-40.

石榴果皮褐变与多酚氧化酶活性和单宁含量，以及超氧化物歧化酶活性和丙二醛含量均有明显的相关性，而与籽粒中的可滴定酸和可溶性固形物则表现出相对独立的变化过程；并且认为，石榴果皮发生的褐色斑状是由于该部位的部分单宁被氧化为醌类物质，进而氧化聚合为褐色物质的结果。[①] 张有林等在石榴果皮褐变机理的基础上，探讨防褐变技术。结果显示，石榴在（5.0 ± 0.5）℃、pH=4.0、5.0% $CO_2$+8.0% $O_2$+87.0% $N_2$ 的气体成分条件下贮藏，每隔 5 天在（15 ± 0.5）℃下间歇升温处理 24 h，贮藏 120 天后褐变指数仅为 0.15，此法可有效抑制果皮褐变。[②]

## 四、腐烂

石榴贮藏后期容易发生腐烂，腐烂多发生在靠近果实萼筒的部位。引起腐烂的病原菌在石榴栽培过程中已经寄生于这个部位，随着贮藏时间的延长，果实自身抵抗能力下降，病状开始显现。发病初期石榴果实出现水浸状斑块，发病后期果实表面密生黑褐色、细沙大小的颗粒状物，发病后症状主要表现为软腐和干腐。付娟妮等采用柯赫氏法则和分子鉴定技术对陕西临潼石榴病原菌进行分离鉴定，确定导致石榴干腐和软腐的病原真菌均为葡萄座腔菌。[③] 张润光通过石榴贮期主要病害外部症状观察、病原菌形态显微镜观察和培养菌落形态观察，初步鉴定病原菌为紫变青霉组的紫变青霉菌。[④]

为防止石榴发生腐烂，贮藏之前需采取预防措施进行处理，可使用一些抑菌物质，如氟菌腈、山梨酸钾处理石榴，从而抑制由葡萄孢属引起的石榴灰霉病。气调贮藏或自发气调贮藏与其他处理方法相结合时也可以有效抑制石榴发生腐烂。

---

① 刘兴华，胡青霞，寇莉苹，等．石榴采后果皮褐变的生化特性研究 [J]. 西北林学院学报，1998(4): 21−24, 29.

② 张有林，张润光．石榴贮期果皮褐变机理的研究 [J]. 中国农业科学，2007(3): 573−581.

③ 付娟妮，刘兴华，蔡福带，等．石榴采后腐烂病病原菌的分子鉴定 [J]. 园艺学报，2007(4): 877−882.

④ 张润光．石榴贮期生理变化及保鲜技术研究 [D]. 西安：陕西师范大学，2006.

# 第四章　影响石榴贮藏的因素

影响石榴贮藏保鲜的关键因素包括采前、采收和采后3个环节的因素。采前的光温水土肥管理、病虫害防治、栽培修剪、花果管理等环节与果实的生长成熟紧密相关，并影响果实品质，通过果实表皮组织的组成、干物质的含量及带菌量等因素影响果实的贮藏性能。而采收作为栽培的最后一环和贮藏的开始，时机的选择非常重要，采收过早呼吸强，过晚则果皮易开裂，因而依据石榴品种和市场需求的不同，适宜的采收成熟度也相应有所差别。一般所说的贮藏保鲜发生在石榴的采后，采后的温度、湿度、气体浓度、环境净度等影响着果实的呼吸强度和病虫害发生率，通过有效控制可以较好保持果实的良好品质并延长其贮藏期。

## 第一节　影响石榴贮运保鲜效果的采前因素

### 一、品种

在我国，石榴品种的分类主要通过以下两种方式：一是将地名作为石榴的名称，二是根据石榴的形态特征、风味、成熟期及用途等进行分类。石榴果实的种间差异主要表现在果皮厚度、果皮颜色、果实大小、果粒颜色及风味等方面。

果皮厚度是影响石榴贮藏特性的重要因素，也是影响石榴的重要果实特征指标之一。果皮的厚度及厚度差对果实的采摘、包装、运输、销售和食用有重要的影响。薄皮品种果皮厚度小，碰撞、挤压等外力作用影响在采摘、搬运过程中易造成果粒破碎和果实内部损伤，引起石榴在贮藏期间的果肉褐变及腐烂变质。较厚的果皮除了能保护石榴，也有利于石榴果粒水分的保持。

一般来说，石榴果实的果皮两端最厚，中间最薄，距顶端1/4处较薄。厚度差绝对值是指距离果实顶端1/4和1/2处的果皮厚度平均值之间差值的绝对值，厚度差绝对值可以较好地反映石榴果皮的厚度情况及厚度变化，为石榴采摘和采收处理提供科学依据。

反映果实外在品质的重要指标有单果重、果皮厚度和新鲜籽粒百粒重等。传统上，常常以果实纵、横径来比较果实的大小，而在自动化分级技术中，平均单果重量是衡量果实大小的重要指标。根据成熟后的平均单果重，能够将石榴分为以下几种：单果重大于 400 g 的为特大果型，300 ～ 400 g 的为大果型，150 ～ 300 g 的为中果型，单果重小于 150 g 的为小果型。

水果内在品质的指标有可溶性固形物、可溶性糖、可滴定酸的含量以及糖酸比等，它们决定了果实的风味，也影响着水果的经济价值和消费量。不同品种的石榴除了形态特征各异，它们的营养成分及风味也有很大的不同。即使是同一品种的石榴，其果实品质也有较大的差异。石榴中可溶性糖、总酸、维生素 C 及总酚含量随品种的不同均有较大的差异，并且这些物质的含量也会影响到石榴的贮藏。石榴果实的可溶性糖含量会随着贮藏时间的增加逐渐减少，因此长期贮藏的石榴应选择可溶性糖含量高、糖酸比高的品种。

适合贮藏的石榴品种应当满足以下几个基本条件：果实的果皮厚，有利于保持石榴颗粒的水分；果实成熟时裂果率低；成熟期晚，有利于减少贮藏成本。

### （一）泰山红

泰山红是发现于泰山南麓庭院的一种石榴。其果实大，近圆球形，平均单果重 400 g，最大果重 750 g；果面光洁，鲜红色；籽粒大，鲜红色，平均百粒重 54 g；汁多味甜；可溶性固形物 16% ～ 17%；核软可食，耐贮藏；9 月下旬至 10 月上旬成熟，采收时遇阴雨裂果率低。

### （二）天红蛋

天红蛋石榴树势强健，植株高大，耐干旱，耐瘠薄，抗风耐寒，丰产稳产；枝条细而密，茎刺多而硬；萌芽力、成枝力均较强；多年生枝灰褐色，大枝上老翘皮常呈片状或小块状脱落，干上多生瘤状突起；叶小，叶片呈长椭圆形；花红色；果实大，果均重 300 g，最大单果重 670 g；果个头整齐，籽粒较大，汁多味甜，可溶性固形物 15% ～ 16%，品质上等；裂果率低，耐贮藏；成花容易，结果早，稳产高产。

### （三）峄城软籽

峄城软籽是山东省枣庄市峄城区的特有品种。其果实近球形，平均单果重 360 g，最大果重 650 g；果面光洁，底色黄绿，阳面粉红色；果粒晶莹透亮，汁液较多，可溶性固形物 10% ～ 13%，百粒重 40 ～ 60 g，品质优；9 月中下旬成熟。

### （四）净皮甜

净皮甜又叫作净皮石榴、粉红石榴，产地陕西临潼。其树冠半圆，树势强健，抗旱耐贫瘠，多年生枝灰褐色；叶较大，长椭圆形或披针形；果实较大，圆形，平均单果重 240 g，最大可达 690 g，果实美观艳丽，阳面果色鲜红，背阴面粉红鲜嫩。果皮底色为淡黄白色，光洁无锈，果皮较薄，成熟时遇雨易裂果；籽粒大，粉红色，味甜多汁，可溶性固形物 13% ～ 16%，品质上等。

### （五）喀什噶尔石榴

皮亚曼 1 号：果实近圆形，呈棱状。一级果平均单果重 697 g，最大单果重 875 g；籽粒红色，果型较大，百粒重 50.2 g；出汁率 37.71%，味甜，果汁玫瑰红色，色素含量高。

皮亚曼 2 号：果实近圆形，一级果平均单果重 726 g，最大单果重 1 050 g；籽粒重占果实重的 45.7%；可溶性固形物含量 18.9%，品质上等；汁多，出汁率 34.44%，味甜，果汁玫瑰红色，色素含量高。

大籽甜石榴：分布在叶城县、喀什市。果皮底色淡黄披粉红彩；果粒大而透明，汁多味甜，品质极上；平均单果重 500 g，最大单果重 750 g；9 月下旬成熟，可溶性固形物 16.2%。

酸石榴：分布在叶城县、喀什市、库车市、吐鲁番市。果型大，扁圆形，皮色黄绿、披红霞；汁多味酸；平均单果重 500 g；9 月下旬成熟，可溶性固形物 16%，较耐贮藏。

## 二、地理和环境条件

### （一）地理条件

不同的地理条件下，石榴果实的品质呈现出较大的差异，这主要取决于种植地区的日照时间、降水量及昼夜温差等。

### （二）环境条件对石榴裂果的影响分析

#### 1. 石榴裂果与温度的关系

温度对裂果的影响与果实所处发育期及降水相关。果实膨大期和成熟期是石榴发生裂果最为严重的时期。高温和阳光直射会破坏、损伤石榴果皮组织，且在果实膨大后期及成熟期，果皮组织细胞自然衰老、分生能力变弱，果皮组织延展性降低，当果皮承受能力达到极限时，果皮会开裂。夏季高温天气集中，相对湿度较低，且正处于石榴果实籽粒迅速膨大时期，如遇强降雨，石榴裂果会加重。昼夜温差较大也容易导致石榴裂果。

2. 石榴裂果与相对湿度的关系

单从石榴裂果与相对湿度的关系来看，当环境相对湿度大于 80%，且持续时间较长时，裂果率明显增加。且相对湿度越高，石榴裂果率越大。

3. 石榴裂果与降水的关系

裂果率与降水量多少无相关性，但与降水天数成正相关。裂果率会随着连续降水天数的增加明显增大，特别是连续降水天数大于 10 天以上时。原因可能是连续阴雨天气条件下，空气的湿度过大，光照差，影响石榴外果皮发育，与此同时，果粒会过度吸水膨胀，容易出现裂果。

4. 石榴裂果与光照的关系

日照时数长，裂果率大。特别是春剪和夏剪的过度修剪会使果实因缺少遮挡而部分遭受暴晒或雨淋，更容易造成裂果。裂口往往是阳光直接照射部位。

有效控制并降低石榴裂果发生的具体措施有以下几种。

（1）调节温、湿条件。通常采用树盘地膜覆盖、园地覆草、增施肥料等方法，满足石榴生长发育所需要的环境条件，降低裂果率。

（2）套袋处理。套袋可为果实提供可调控的微环境，对温度、湿度有一定的缓冲作用，使果实局部微环境保持相对稳定，减少骤冷骤热及降雨对果实生理的影响，从而起到保护果实、防止裂果的作用。套袋不仅能有效防止裂果，还能改善果实商品性能，使果面光洁细腻、色泽好，且可防止病虫害侵入，减少农药与果实的接触，有利于生产绿色无污染果。袋子应在采摘前 25 天去除，以利于石榴果品着色。

（3）适时分批采收。成熟的石榴应尽早采摘，原则是“早坐果的早采，晚坐果的晚采”。降水是造成石榴裂果的主要气象因子之一，如果采摘时遇到降雨，要等果实表面水分散失后及时采收。

气象因子对石榴裂果率的影响显著。在相同气象条件下，不同品种裂果率有较大差异，但裂果发生的时期相近，各气象因子对裂果率的影响也大致相同。生长发育期的石榴裂果主要发生在长时间阴雨天气下，果实因过度吸水而发生裂果；石榴裂果主要是在果实膨大期和成熟期，特别是在气象条件（温度、湿度、日照、降水等）剧烈变化时，石榴果实裂果会加重。在持续高温干旱天气后突遇强降雨或阴雨连绵后突遇晴热天气等情况下，裂果现象会更加严重。

因此，应重视石榴生产栽培技术，通过采用合理施肥、树盘覆草或覆膜、果实套袋及合理修剪等综合配套措施，使石榴裂果损失降到最低程度，提高石榴质量。还应结合天气预报，采取必要手段，避免裂果的大面积发生。

## 第二节　石榴采收前的农业生产管理

### 一、石榴的栽培管理

石榴树为乔木或灌木，在自然条件下约需 10 年方能开花结果，人工栽培管理条件好的需要 5 年，而经过嫁接、养护得当的苗木，3 年就可开花结果。石榴树龄可长达百年，在 15 年左右进入盛果期，亩（1 亩≈ 666.7 $m^2$）产量 500 ～ 2 000 kg，单株产量 20 ～ 30 kg，最高的可达 50 ～ 100 kg。

石榴一般在 3 月下旬至 4 月上旬发芽，4 月下旬至 7 月中旬开花，5 月中旬至 6 月中旬盛花，10 月下旬至 11 月上旬落叶，单花期 7 ～ 10 天，总花期 70 天以上，于每年的寒露前后成熟。

#### （一）生长习性及园地选择

石榴树喜阳，特别忌低湿，不耐水涝。石榴树的适生性非常强，对土壤要求不高，酸碱适应范围很广，中性、微酸、微碱都可以栽培。但为追求石榴高产，栽培石榴应选择避风向阳的环境，以排水良好、地下水位 1 m 以下的中性通风良好的砂质壤土和砾质土较为适宜，如栽培地点潮湿，则开花多坐果少，甚至有的石榴果树会不开花。虽然石榴较喜光，光照充足有利于石榴的生长，结果好，但光照太强，又会产生日灼果，俗称“太阳果”。因此，在选择石榴种植园地时应从以下几个方面考虑：选择年均温在 16 ℃～ 20 ℃，年积温在 4 400 ℃～ 6 300 ℃，年降雨量 700 ～ 1 000 mm，年日照时数 2 000 ～ 2 400 h，阳光充足的地方建立果园；为保证石榴高产、优质，所选种植地块应有良好的灌溉条件；选择没有污染源、交通方便、土层深厚且肥沃的平地，缓坡地、山地，排灌和透气性好的轻黏土、壤土种植，pH 值在 6 ～ 8。

### （二）土壤管理

石榴种植大部分采用间作套种，幼龄石榴园可间作蔬菜、花生、薯类、豆科作物及其他矮秆作物，成龄石榴园可以间作毛叶苕子、绿豆、紫云英等绿肥，增加土壤有机质，提高土壤肥力。上述作物采收后，要进行土地深耕，保持土壤疏松，保墒。同时要在石榴树下进行覆草，在石榴树春季发芽之前于树下覆草，厚度为 10 ～ 15 cm，每株用草约 20 kg，以后每年续铺 10 ～ 15 cm，覆草时每株树施碳铵 4 ～ 5 kg 或尿素 1 ～ 1.5 kg，对石榴增产的效果十分显著。

### （三）栽植技术

一年四季都可以进行石榴栽植，但是最适宜的时间是秋季或早春。栽植前要对土壤进行深翻，然后及时进行灌水，并喷施新高脂膜，防止病菌的进一步侵染，提高抗自然灾害的能力，保护石榴苗健康茁壮成长。石榴定植最佳时间为萌芽前。挖穴 1 m × 1 m × 1 m，适度密植，一般行距为 4 m，株距为 3 ～ 5 m，每亩 111 株左右。底肥要施足，每穴施土杂肥或栏肥 50 kg，确保石榴树的养分，如能增施少量复合肥，则效果更佳。栽后浇水，用地膜覆盖。栽植头 1 ～ 2 年应主要长树扩冠，即使结果也应摘除。第三年开始结果，树势中庸偏弱者结果良好，过旺时落花落果严重。为了提高坐果率，管理上除摘去钟形花外，盛花期还要进行环割、环剥，喷施 1 ～ 2 次尿素、硼砂、磷酸二氢钾混合液。

### （四）生长期管理

#### 1. 适当铲除根蘖

石榴树树形选择多为多主干型，根部非常容易滋生根蘖，根蘖会与石榴树母体争夺养分，因此要及时将主干距地面 50 cm 以下萌发的根蘖剪除，以便于树干以上部位更好地生长，减少营养损失。尤其要注意的是去除根蘖时不要留根茬，否则根蘖会重新生长。

#### 2. 拉枝开角

在石榴生长期要对生长特别旺盛的新梢进行拉枝、坠枝，将开张角度小的主枝和生长旺盛的直立新梢拉成水平或下垂状，以缓和其生长过快，促进花芽形成。

#### 3. 疏枝，改善光照

将直立枝、交叉枝和重叠枝从基部疏除，以改变通风透光条件。对长势过旺的主枝，可采取打头、让弱枝带头的方法，平衡树势。

4. 喷施膨大剂，减少裂果率

人们通常会使用一些膨大剂，但使用不当果实就会迅速膨大，果皮、果肉生长不匹配，从而导致裂果。应在开花前、幼果期、果实膨大期各喷施一次膨大剂，从而增粗果蒂，均衡营养输送量，使果实天然膨大，有效降低裂果率。

5. 对水肥的管理

一般在秋季果实采收后到落叶前对石榴树施入基肥，以农家肥为主，混加少量氮素化肥。施肥数量应按树大小而定，幼树每株 7 ～ 10 kg 氮肥或人粪尿或焦泥灰，中年树 25 kg，大树 50 kg。施肥多用沟施法，开沟不要距树干太近。每年要进行三次石榴树的追肥，第一次是在萌芽到现蕾初期，第二次是在幼果膨大期，第三次是在果实转色期，此次追肥用量不宜过多，少量即可，可不计算在内。每年要进行叶面喷肥 4 ～ 5 次，一般生长前期叶面喷肥 2 次，后期叶面喷肥 2 ～ 3 次，这样可成功补施果树生长发育所需的微量元素。

雨季应注意排水，旱季需灌水，留反季果的冬季供水特别重要，一般 10 ～ 15 天灌水一次。冬季灌封冻水，后畦面可覆盖地膜保温、保湿。总之，石榴灌水的关键时期主要在萌芽期、果实膨大期和落叶前三个时期，灌溉方法可用沟灌或喷灌。

6. 控梢促花，提高坐果率

一般于石榴开花前（5 月初）在旺树主干或主枝、大辅养枝上环割涂抹药剂，提高坐果率。在花期和幼果期要多次抹除背上旺梢，提高坐果率和减轻落花落果。石榴的花量大，一定要及时进行疏花，越早越好，第 3 茬的完全花一般也要疏掉，从可识别花开始每 10 天疏 1 次。可采用多留头花果、留选 2 次果、疏去 3 次果的方法，使得石榴树合理负载。因此，为提高石榴果实坐果率，常常采用以下几项措施：

（1）环剥管理。5 月上旬花蕾初现时，对大枝组实行环状剥皮，环剥宽度以枝粗的 1/10 为好，剥后用塑料薄膜包扎好伤口，以利于愈合。

（2）及时疏花和人工辅助授粉。现蕾后及时疏除过多的钟状花，以减少养分消耗。花期直接用盛开的钟状花对筒状花授粉，也可花期放蜂。

（3）花期喷肥。初花期至盛花期分别喷施 0.3% 硼砂液、0.5% 尿素液、500 mg/kg 赤霉素液。

（4）疏果。去除畸形果、病虫果、晚花果和双果中的小果。

7. 防冻措施

以突尼斯软籽石榴为例，该品种抗冻性很差，幼树冬季可采取主干缠稻草、堆土等方法保温。或采用大树换头改接的方法，改接成活后生长特别旺盛，当年树冠基本恢复原状，第二年恢复产量，不但结果早，高产、稳产、果实品质好，而且抗旱抗病能力有所增加。

（五）石榴树的修剪方法

石榴树喜光照，树形主要以自然开心形和三主枝开心形为佳，即做到“三稀三密”即可，也就是上稀下密、外稀内密、大枝稀小枝密。石榴修剪最适宜季节是冬季，冬季修剪以疏剪和长放为主。修剪时一定要除去根蘖，并剪去树冠内部下垂的枝条、枯死枝以及横生的小枝，使树冠内部枝条稀疏均匀、通风透光。

1. 自然开心形

石榴定植后留苗干高 80 cm 定干，待新梢发生后留强健的 3 个作为主枝，其余疏去，并除萌蘖。所留主枝中如有生长过旺的，应及时摘心，最下一个主枝距地面约 30 cm，其余向上依次螺旋形排列，主枝上下相距 15 ～ 20 cm，并向周围均匀开展。当年冬季将这些主枝剪去先端约全长的 1/3 ～ 1/2，第二年春季主枝下部所生分枝中选 1 ～ 2 个作为副主枝，并留少量侧枝，其余从基部除去，这样 2 ～ 3 年，树形骨架基本完成，树也进入结果期。

2. 三主枝开心形

在幼龄期根蘖苗较多的情况下，保留 3 ～ 4 个主干或主枝，其余去除。保留的主枝采用拉枝的方法使树冠开心、枝条开张，其副主枝和侧枝配置同自然开心形。具体操作方法如下所述。

（1）幼龄树的修剪。4 年内的幼树，应根据所选树形，重点培养各级骨干枝，使树冠迅速扩大，及时进入结果期。对于幼树期的石榴，一般是任其自然生长，其根部会丛生萌蘖，因此在修剪时，要做到随时剪除。栽后第二年要选留 2 ～ 4 个主干，除掉多余的枝条，以后每年进行修剪时，要对所留的主干 1 m 以下的分枝进行剪除，使养分集中供于主干以上的树冠需要，同时要在每个主干上培养出 3 ～ 5 个主枝，要长放，使枝干向四周扩展，树冠形成多主干自然半圆形。

（2）结果树的修剪。对结果部位严重外移的枝条，应选合适的位置进行回缩；由于石榴的混合芽均着生于健壮的短枝顶端或近顶端，所以对这些短枝、结果树枝应注意保留长放，禁止短截修剪。

（3）注意事项。夏季修剪主要是对一些过旺的嫩枝及时摘心，促生短枝，放任生长树的枝条直立生长，应注意开展角度，除冬季修剪时可采用回缩换头等修剪手法开张枝条角度外，还可于春、秋两季拉枝开角。方法是强枝重拉，次强枝轻拉，中庸枝和软枝不拉，角度小的重拉，角度大的轻拉。一般拉枝角度应掌握在 70° ～80° ，5 月中旬可对旺树主干环剥促进花芽分化。此外，春、夏、秋三季还要及时抹芽、除萌以节省养分，改善光照条件。

## 二、石榴保花保果管理

石榴的大多数花是退化花，正常花只有 10% 左右，退化花多因营养不良而形成。花期管理中水肥失控或遇阴雨低温均会引起落花落果。在实际生产中，必须采取各种保花保果措施，防止裂果，这样才能获得高产优质的石榴果实。

### （一）栽植抗裂果的石榴品种

这是防止石榴果实裂果的根本措施。石榴的优良品种中河阴铜红灯石榴、河阴月亮白石榴、突尼斯软籽石榴、超大籽石榴都是抗裂果的，泰山红石榴也较抗裂果，但是品质不如以上品种。而临潼天红蛋、大红甜、粉红甜、豫石榴 2 号、豫石榴 3 号等都不是抗裂果的。已栽上易裂品种的石榴园可通过高接换头技术，改换成抗裂果品种。

### （二）多施有机肥料和完全肥料

多施有机肥料和完全肥料可以使石榴树裂果极轻或不裂果，施用果树专用肥的石榴树裂果也轻，而偏施碳酸氢铵和尿素等氮素化肥的石榴树则裂果重。因此，石榴园施肥应优先施用优质农家肥，如牛粪、羊粪、鸡粪、鸽粪、马粪、猪粪、秸秆粪及各种绿肥等。即使追施化学肥料，也最好选用果树专用复合肥或优质的氮磷钾三元素复合肥。尤其是在果实发育后期，切勿追施氮肥。

花期叶面喷洒 0.5% 的尿素、1% 的过磷酸钙浸出液、0.3% 的硼酸、0.3% 的磷酸二氢钾以及 50 mg/kg 的防落素、1.0 mg/kg 的三十烷醇等均有显著增产的效果。这几种物质既可单独使用，又可相互混合。宜从 5 月上旬起每隔 7 ～ 10 天，选择无风晴天的上午，将配好的肥液均匀喷到叶面、蕾、花和幼果上，喷后如遇大雨淋洗则要及时补喷。

### （三）注意浇水与控水

在石榴果实发育前期，5—7 月，天气干旱时，要及时浇水，促进果实细胞分裂。而临近成熟前 1 个月左右，只要不是天气或土壤过于干旱，要尽量不浇水，即使过于干旱，也应浇小水。成熟前浇水是石榴裂果的重要原因，尤其前期干旱后期雨水多或浇水多，裂果更严重。

### （四）树上喷钙

石榴生长发育过程中，喷 2 ～ 3 次氯化钙、硝酸钙或其他有机钙肥，均有减轻裂果的作用，且效果明显，但不能完全消除裂果。

### （五）果实套袋

果实套袋是一项物理防治新技术，是目前生产优质高档水果、防虫防病的重要措施。要根据不同花期果实的特点、不同果蒂的特征确定套袋的时间。

1. 喷施免套袋膜

花后 10 天左右，也就是幼果期全园喷一次免套袋膜 + 膨大剂 + 杀菌剂 + 杀虫剂，防治病虫害。杀虫剂用于控制桃蛀果蛾等蛀果害虫，同时防治椿象、介壳虫等；杀菌剂使用广谱性杀菌剂，防治果实干腐病等其他病害。禁止使用高毒、高残留农药。喷施新高脂膜 800 倍液保护果实和叶片，防止果实日灼。第一次用药后间隔 20 天左右再喷第二次。

2. 套纸袋

时间为花后 35 天左右为宜，蜡质纸袋可在 6 月 15—25 日套袋，PE 膜袋可在 8 月 5—10 日套袋。膜袋套得过早，天气高温会影响果实正常生长，易出现高温伤害，套得过晚则达不到控制病虫害的目的。

3. 套袋后的管理

石榴果实套袋后应注意做好以下工作：及时清理果袋周围的枯枝、茎刺，确保果实与果袋的完整；注意防治病虫害。套袋能有效控制食心虫对果实的危害，但介壳虫的危害会因果袋的保护而加重，因此在打算套袋的果园，早春时就应喷好石硫合剂。

## 第三节　石榴的采收

采收是石榴生产上的最后一个环节，也是贮藏加工开始的第一个环节。采收时果实的成熟度与其产量、品质有着密切关系。采收过早，不但产品的大小和重量达不到标准，而且风味、品质和色泽也不好；采收过晚，产品已经成熟衰老，易发生果皮开裂，籽粒外露，易受病菌侵染而腐烂，不耐贮藏和运输。

## 一、采收时期

花期不一致，成熟期也不尽相同，根据花开放的早晚，一般可分三期花。头花果生长期长，果大，品质优；二、三批花结的果生长期短，果实个小，品质差，商品价值低。一般要求多留头花果，选留二花果，少留或不留三花果，并要求根据其成熟度分期采收。采收前应观察石榴果实的外观，看果皮着色是否均匀、有光泽，以及果实籽粒颜色是否已变为红色（白籽品种除外），达到标准即可采收。

石榴果实成熟的标志如下：果皮由绿变黄，有色品种充分着色，果面出现光泽；果棱显现；果肉细胞中的红色或银白针芒充分显现；籽粒饱满，且果实汁液可溶性固形物含量达到该品种固有指标，甜而不涩，如新疆甜石榴为18% ～ 20%、陕西净皮甜为16% ～ 17%、天红蛋为14% ～ 16%。

石榴无后熟过程，完熟时采收有利于贮藏，还能提高商品品质及价值。套袋果应在采收前7 ～ 10天解袋，使其充分着色后采收。采收过早风味和色泽欠佳，果实涩而不甜，品质差，且不耐贮藏。因此，应分期采收完全成熟的头花果、二花果三花果；过晚易发生大量裂果，而且果皮明显干缩失重，外观商品率下降。

## 二、采收方法

不同年份受气候影响不同，采收期不尽相同。应根据石榴品种特性、果实成熟度及气候状况等分期及时采收。采收前准备剪刀，梯子，清洁、无毒、无异味的周转箱等。

选择晴朗无雾无风的天气采摘，在晴天早晨露水干后开始采收，此时气温较低，可减少石榴所携带的田间热，降低其呼吸强度。不能在暴晒的阳光下采收，否则会导致果实失水萎蔫，加速衰老及腐烂。阴雨天气禁止采收，这样可避免果内积水和受病菌侵染，导致贮期果实腐烂。若采收遇雨，应将果实放在通风处，散去表面水分。采收时要一手托住果实，另一手用采果剪将果柄从基部剪断，剪下后将果实轻轻放入衬有软质衬垫的周转箱内。采收时要轻拿轻放，避免跌碰、擦伤留有伤口。采收时应按由外向内、由下向上的顺序进行采收。采摘时应轻拿果枝，轻放果实，避免对树体、果实造成损伤。石榴采摘时，病果和裂果应由专人采摘，集中处理，防止病害传染蔓延。石榴的宿萼呈镊合状，宿萼内的干缩花丝和柱头着生大量霉菌孢子，采后易发生微生物病害，去除宿存花萼有利于降低病害发生的概率。剪切宿萼后需要适度摊晾促进切口愈伤。切口过大、切口没有彻底愈伤都易引发贮藏病害。不同的品种应分别采收，同一品种的果实，成熟度不一致，也需分批采收，1 期花、2 期花的果实可进行中、长期贮藏，3 期花的果实基本无贮藏价值。

田间装箱。剪下的果实装入容量 7.5 ～ 10 kg 的塑料箱内，箱内垫硬纸板（也可用泡沫箱装果），萼筒横向摆放，果实要挤紧，以防运输时碰撞、摩擦，损伤果皮。

田间转运。采收期间的运输过程中忌撕、碰、摔、刺及蹭伤果皮。

短途运输。指从采收地到冷库间的运输。装满一车，立即运走一车；当天采收的果实必须当天运走，不能放在地头过夜。装车时果筐要绑扎结实，选择平坦道路，车速不宜过快，以防果实晃动。

## 第四节　影响石榴贮运保鲜效果的采后因素

石榴属非呼吸跃变型果实，采后无呼吸高峰，自身乙烯产生量极少，对外源乙烯反应也不明显。果实采后没有后熟，但果实仍进行正常的呼吸作用。温度、相对湿度、气体成分、机械损伤及微生物作用是影响果实贮藏寿命的主要环境因素，控制这些因素可降低果实呼吸强度、减少腐烂病害。通过对石榴采后贮藏温度、相对湿度、气体成分、环境净度进行适当控制，在避免机械损伤的条件下，可有效地延长石榴贮藏期，保持石榴良好的品质。

### 一、温度

#### （一）温度对石榴采后呼吸速率的影响

温度是石榴采后质量控制的最关键因素，主要影响其呼吸作用。石榴的最佳贮藏温度应该是能使其最低限度地维持正常的生理活动而又不会导致其生理失调的温度。温度过高，呼吸作用较强，水分、营养损耗加快；降低温度有利于降低果实呼吸速率，当温度从 15 ℃ 降低到 5 ℃ 时，呼吸速率可下降 68% 左右。

#### （二）温度对石榴品质的影响

合适的贮藏温度可以降低采后石榴果实的生理代谢水平。不同贮藏温度下，果实采后的可滴定酸及可溶性固形物的含量变化不大。但贮藏初期，温度降低，石榴中可滴定酸及可溶性固形物的含量均有一定程度的上升。在不产生冷害现象的前提下，贮藏温度对石榴籽粒色泽的影响还不确定，这可能与石榴的品种差异有关，对于籽粒颜色较深的品种，温度的影响可能并不明显；对于籽粒颜色较浅的品种，温度对其花色苷含量的影响较为突出。贮藏温度对石榴果实中的总酚含量无显著影响。

### （三）温度与褐变

褐变是石榴果实采后保鲜面临的主要问题之一，也是影响石榴品质的重要因素。贮藏时间越长石榴果实的褐变现象越严重。果实的自然衰老和采后失水、低温冷害、热伤害、机械损伤及气体伤害等逆境胁迫都会引起石榴褐变。冷害导致的石榴褐变先表现为石榴果实隔膜褐变、籽粒褪色，最后才是果皮的褐变，果实隔膜褐变是冷害现象特有的表现之一。因此，冷害的发生较为隐蔽，且往往是不可逆的。

冷害是导致石榴低温贮藏期间褐变的主要原因之一。贮藏温度在 5 ℃～ 8 ℃时，果皮褐变程度最轻。贮藏温度在 0 ℃～ 4 ℃ 时，贮藏前期石榴果皮褐变情况较轻，但随着贮藏时间的延长，果皮褐变指数急剧上升，这与石榴果实的冷害程度加重有关。石榴果皮褐变出现的时间、褐变程度与贮藏温度密切相关，5 ℃～ 8 ℃时，果皮褐变出现较晚，症状较轻。冷害现象还表现在细胞膜头型破坏、膜脂过氧化产物丙二醛含量升高及酚类物质氧化降解等生理变化方面，这些生理变化也与贮藏温度相关。0 ℃～ 4 ℃ 时，上述生理变化发生在贮藏前期；5 ℃～ 8 ℃ 时，上述生理变化主要发生在贮藏后期。因此，上述生理变化可以作为预测石榴果实在低温胁迫下发生冷害的判断指标；结合果实内部、外观症状可以区分褐变诱因。

不同温度对石榴果实褐变造成的影响存在两种不同的情况，5 ℃～ 8 ℃ 时石榴果皮的褐变是衰老引起的，0 ℃～ 4 ℃ 时石榴果皮的褐变是低温冷害引起的。

## 二、相对湿度

相对湿度是影响石榴贮藏保鲜的重要因素，提高贮藏条件下的相对湿度有利于降低石榴的失重率，保持石榴的新鲜度。石榴在采后贮藏过程中非常容易失水。采收后石榴果实无法进行水分补充，失水过多就容易萎缩，故只能通过保持一定的环境湿度，减少果实内外的蒸气压差，降低组织水分散失。石榴最适宜的相对湿度为 90% ～ 95%，湿度过低，果皮会失水干缩、褐变，严重影响商品价值；当环境湿度大于 95% 时，病原菌、腐败菌的繁殖速度加快，石榴的腐烂率也随之增大。在适当的环境湿度条件下，配合低温贮藏，石榴的贮藏期可以达到3～5个月。

## 三、气体成分

气体成分是影响石榴贮藏保鲜的一个重要环境条件，气调保鲜是石榴贮藏保鲜常用的技术手段之一。调节石榴贮藏环境的气体成分能有效抑制果实的呼吸作用。增加二氧化碳浓度、降低氧气水平能降低呼吸速率，抑制乙烯的生成，延缓果实的自然衰老，减少病害的发生，延长贮藏期限和货架期。通常情况下，氧气浓度降到5%以下时，石榴的呼吸强度才会明显降低。氧气浓度过低会诱发无氧呼吸，呼吸底物消耗增加，同时积累乙醇、乙醛等物质，造成低氧伤害。所以石榴贮藏时比较合适的氧气浓度为2%～4%、二氧化碳浓度为1%～3%。此外，短时间（5～15 h）的高二氧化碳处理也对石榴贮藏保鲜有利。控制气体组分可抑制病原菌生长和传播，气调贮藏或自发气调贮藏与其他方法相结合时也可有效抑制石榴发生霉菌腐烂。合理的温度控制和气体成分调节还可降低果皮褐变、冷害及水分流失造成的石榴品质劣变。

## 四、机械伤

机械伤是造成石榴采后品质下降的原因之一。外力容易破坏石榴籽粒结构，使多酚氧化酶类与空气接触，从而使石榴籽粒发生酶促褐变，造成品质下降。同时组织液的流出容易使石榴籽粒感染致腐微生物（酵母、霉菌），导致石榴腐烂变质。

## 五、微生物作用与净度

石榴贮藏后期容易发生腐烂，腐烂多发生在靠近果实萼筒的部位。随着贮藏时间的延长，果实自身抵抗能力下降，症状开始显现。发病初期，石榴果实出现水浸状斑块；发病后期，果实表面密生黑褐色、细沙大小的颗粒状物。发病后症状主要表现为软腐和干腐。石榴容易感染的真菌包括黑曲霉、产紫青霉、石榴鲜壳孢、石榴小赤壳孢和石榴外壳孢等，其中石榴鲜壳孢是引起石榴干腐病的主要致病真菌。而导致石榴软腐病的主要病原真菌是葡萄座腔菌。

为了防止石榴发生腐烂，贮藏之前需进行预防处理，如使用氟菌腈、山梨酸钾处理石榴可以抑制由葡萄孢属引起的石榴灰霉病。此外，包装材料也对石榴的贮藏起到重要的作用，如用25 μm的无孔聚丙烯薄膜包装石榴，然后在低温下贮藏，腐败率较低。

净度也是影响石榴贮藏保鲜的基本要素之一，可分为贮藏环境净度和贮藏本体的净度。无菌、卫生、整洁的贮藏环境对防止真菌孢子扩散、减轻贮藏病害的发生极为重要，因此，在石榴贮藏过程中一定要保持环境的干净卫生，以达到良好的净度；在进行贮藏保鲜前及贮藏过程中，要及时剔除有病害个体，防止致病微生物侵染。

# 第五章　石榴的采后处理和运输

石榴的采后处理是搞好石榴采后贮藏十分重要的一环，直接影响石榴的贮运消耗、品质和贮藏期。石榴具有生长季节性强、采收期集中、易于损伤腐烂等特点，往往因采后处理不及时而产生大量损失，甚至丰产不丰收。若不给予足够的重视，好的贮藏设备、先进的管理技术也难以发挥应有的作用。可见，做好石榴的采后处理工作对发展石榴生产、保证市场供应、丰富人民生活有着非常重要的意义。

## 一、采后处理

### （一）挑选

石榴采摘后第 2 天要组织人员挑选、分级和包装，要认真挑选生长良好的耐贮果。病虫果、开裂果、腐烂果、外伤果、未熟果，特别是外有虫眼、内已腐烂的果实，要全部去除，不能贮藏。过长的果梗要剪平。

### （二）分级

分级是按照一定的品质标准和大小规格将石榴分成若干个等级的措施，是使产品标准化和商品化的必不可少的步骤。分级的意义在于使产品在品质、色泽、大小、成熟度等方面基本达到一致，便于运输和贮藏中的管理，有利于减少损失。等级标准有助于解决买方和卖方对于赔偿损失的要求和争论；能给生产者、收购者和流通渠道中的各环节提供贸易语言，为优质优价提供依据；有利于引导市场价格和提供市场信息。

分级方法有手工操作和机械操作两种。手工分级的效率较低，误差也较大，但机械损伤较少。机械分级目前应用较多的是形状（大小）和重量分级装置，近年来还开发了颜色分级装置。

1. 重量分级装置

重量分级装置是根据产品的重量进行分级，将被选产品的重量与预先设定的重量进行比较，从而分级，有机械秤式和电子秤式。机械秤式是将果实单个放进固定在传送带上可回转的托盘里，当其移动接触到不同重量等级分口处的固定秤时，如果秤上果实的重量达到固定秤设定的重量，托盘就反转，果实落下，缺点是产品容易受损伤。电子秤式分选精度较高，一台电子秤可分选各重量等级的产品，使装置简化。石榴按果实大小可分为五级：单果重量 400 g 以上的为特级，350 ～ 400 g 的为一级，300 ～ 350 g 的为二级，250 ～ 300 g 的为三级，小于 250 g 的为四级。特级、一级、二级、三级果可用于贮藏，四级果不适合贮藏。

2. 颜色分级装置

果实的颜色与成熟度和品质密切相关，彩色摄像机和电子计算机处理 RG（红、绿）二色型可用于石榴的分选，果实的成熟度可根据其表面反射的红色光和绿色光的相对强度进行判断。表面损伤的判断是将图像分隔成若干个小单位，根据分隔单位反射光强弱算出损伤面积。

为了适应消费者对产品质量的更高要求，不仅要从外观上对产品进行分选，还需要对产品内部品质进行检测，可使用非破坏性内部品质检测装置。

### （三）包装

包装是用适当的材料或容器保护果品在贮运及流通中的价值。包装是实现果品商品化的重要措施，包装的精美程度也是决定商品价值的一个因素，而且对保证安全运输和提高贮藏效果也有极重要的作用。果品包装可以减少运输、贮藏和销售过程中的互相摩擦、碰撞、挤压造成的损失，也可以减少病害蔓延和水分消耗，还可以提供自发气调条件，保持产品清洁卫生，阻止病害扩散传播，防止丢失，等等。

但是，包装只能保护而不能改进品质。所以，只有产品好，包装才有意义。此外，包装不能代替冷藏等贮藏措施，好的包装只有与适宜的贮藏条件相配合才能发挥优势。

1. 包装容器的要求

为了使包装环节能够更好地发挥作用，包装容器应该具备一定的条件：由于是食品级包装，应先保证容器内外清洁卫生、无污染，材质非有害物质；应具有足够的机械强度，在果品受到外力作用时有一定的缓冲作用；具有一定的通透性，利于果品呼吸热的排出及氧、二氧化碳、乙烯等气体的交换；具有一定的防潮性能，避免容器的吸水变形导致的内部产品的腐烂；容器内壁要保持光滑，防止果品在包装后受到机械损伤；最好选用质轻、成本低、便于取材、易于回收的材料；包装外部应美观，还应注明商标、品名、等级、重量、产地、特定标志及包装日期。

2. 包装容器的种类

现在市售的石榴大多都有内包装和外包装两种。外包装能在运输和贮藏过程对石榴起支撑和保护作用，避免发生机械伤。包装材质要求耐湿，堆压强度高，便于堆码搬卸，适宜使用周转筐。包装时避免装填过满和过高，箱内每层有隔断或放有托盘，避免果实堆码后发生压损。一级果适宜单层包装，二级果和三级果包装的装填深度不宜超过双层。内包装可以保护果实不发生碰擦，冷藏和运输过程中维持适宜的相对湿度，隔离病果传播微生物病害。多用保鲜袋或保鲜纸进行包装，材质要求洁净，符合食品安全许可，无化学残留和释放。PE 或 PVC 材质的保鲜袋需要打孔来保持包装内适宜的相对湿度，打孔方法是孔径 1 cm，开孔率是 4 ～ 5 孔 /kg。若采用大袋进行包装，应注意袋口不要扎紧，折叠即可。大袋包装如果紧扎袋口，易造成大量果皮出现褐变现象，这可能是石榴群体释放的有害物质难以及时释放而对果实造成的不良影响。例如，一级果适宜单果包装，用 0.01 ～ 0.03 mm 的 PE 膜单果包装后置于贮藏箱内，摆放 4 ～ 5 层，果嘴直立向上；也可用纸包装后用发泡网袋进行单果包装，既可缓冲外界压力，又可适当保持水分。

### （四）预冷

预冷是在运输、贮藏或加工以前迅速除去新鲜采摘的石榴的田间热和呼吸热的过程。原因是石榴采后会携带大量的田间热，而且石榴采后的呼吸作用也会释放许多呼吸热，使环境温度升高。如果石榴采后堆积在一起，不进行预冷，便会很快发热、失水、萎蔫、腐烂变质。此外，未经预冷的石榴直接进入冷库，要降低它们的温度，就需要很大的冷量，会加大制冷机的热负荷，这无论从设备上还是经济上都是不利的。对石榴进行预冷后，仅用较小的冷量，采用一定的保冷防热措施，就能使冷库内的温度不显著上升。

预冷是给石榴创造良好温度环境的第一步，为了保持石榴的新鲜度和延长贮藏寿命，预冷要求尽快降温，必须在收获后 24 h 内达到降温要求，而且降温速度越快越好。预冷的方式很多，概括起来可分为两类，即自然降温冷却和人工降温冷却。

1. 自然降温冷却

自然降温冷却是将采后的果品放在阴凉通风的地方，使其自然降温。例如，在我国北方地区，果品进入窑窖前，由于夜间温度较低，可将果品夜间露天放置，白天遮盖，进行预冷。该方法冷却速度慢、时间长，容易产生蚊虫及病原微生物的污染，但简便易行、成本低廉，可以散去部分田间热，是生产上经常采用的传统预冷方法。

2. 人工降温冷却

（1）冷库空气冷却。冷库空气冷却是一种简单的人工预冷方法，就是把采后的石榴放入冷库中降温，当冷库有足够的制冷量，空气的流速为 1 ～ 2 m/s 时，空气冷却的效果最好。要注意堆码的垛间和包装箱间都应该留有适当的空隙，保证冷空气流通。这种方式预冷时间较长，一般需 24 h 以上。其优点是产品预冷后可以不必搬走，原库贮藏。石榴预冷前，应提前 1 天对冷库进行消毒、通风、降温。冷库内果实应呈“品”字堆垛或在货架堆放，确保包装之间和包装内留有足够的通风换热的空隙，在较短时间内预冷均匀。预冷时设置 2 ℃～ 3 ℃ 风温，预冷至果心温度 5 ℃～ 6 ℃ 后每天降低库温 0.5 ℃，缓慢降温至 3 ℃～ 4 ℃ 后再将果实转入贮藏库恒温保鲜。预冷过程应分批进行，每批入库预冷的果实总量不应超过库容的 30%。预冷后果实转入贮藏库恒温贮藏。预冷过程中应避免库温大于 5 ℃ 的温度波动，否则会造成果实回温和库内湿度的迅速升高。

（2）强制通风冷却。强制通风冷却是在包装箱或垛的两个侧面造成空气压差而进行的冷却。其方法是在产品垛靠近冷却器的一侧竖立一块隔板，隔板下部安装一部风扇，产品垛上部加覆盖物，覆盖物的一边与隔板密封，使冷空气不能从产品垛的上方通过，只能水平方向穿过垛间、箱间缝隙和包装箱上的通风孔。当风扇转动时，隔板内外形成压力差，压力差不同的冷空气经过货堆和包装箱时，将此产品散发的热量带走。强制通风冷却的效果较好，冷却所需的时间只有普通冷库风冷却的 1/5 ～ 1/2。

（3）水冷却。水冷却是用冷水冲淋产品或将产品浸在冷水中使产品降温的一种方式。由于产品携带的田间热会使水温上升，所以冷却水的温度要在不至于使产品受到伤害的前提下尽量低一些，一般在 0 ℃～ 1 ℃。冷却水是循环使用的，常会有腐败微生物在其中累积，使冷却产品受到污染，因此水中要加一些化学药剂，如次氯酸盐等。产品包装后也可以进行水冷却，但包装容器要具有防水性能。水冷却后要用冷风将产品或包装吹干。

（4）真空预冷。真空预冷是将石榴置于真空罐内降温的一种冷却方法。此方法速度极快，是将石榴放在坚固、气密的容器中，迅速抽出空气和水蒸气，使石榴表面的水在真空负压下蒸发而冷却降温。为了避免产品的水分损失，在进行真空预冷前应该往产品表面喷水，这样既可以避免产品的水分损失，又有助于迅速降温。真空冷却的包装容器要求能够通风，便于水蒸气散发出来。由于被冷却的果品的各部分是等量失水，所以不会出现萎蔫现象。

总之，在选择预冷方法时，必须考虑现有的设备、成本、包装类型、距销售市场的远近和产品本身的要求。在预冷前后都要测量石榴的温度，判断冷却的程度。预冷时要注意产品的最终温度，防止温度过低造成冷害或冻害，使产品在运输、贮藏或销售过程中腐烂。

### （五）涂膜（打蜡）

涂膜也称为打蜡，是在石榴的表面涂一层薄膜，起到调节生理、保护组织、增加光亮和美化产品的作用。涂料的种类越来越多，已不完全限于蜡质，商业上应用的主要有石蜡、巴西棕榈蜡和虫胶等，也有一些涂料以蜡为载体，加入一些化学物质，防止生理或病理病害，但使用前要注意使用范围。石榴上使用的涂料应该具有无毒、无味、无污染、无副作用、成本低、使用方便等特点。涂膜的方法有浸涂法、刷涂法、喷涂法等。涂膜厚度要均匀，过厚会导致果实无氧呼吸、异味和腐烂变质。新型的喷蜡机大多能够进行洗果、擦洗、干燥、喷蜡、低温干燥、分级和包装等工序，可进行连续作业。

### （六）防腐处理

石榴在采后容易受到微生物的侵染，致使石榴的食用品质及商品价值降低，所以对石榴进行防腐是必要的。目前，化学药剂防腐保鲜处理在国内外已经成为果品商品化不可缺少的一个步骤。石榴常用的防腐剂有多菌灵、噻菌灵等，在果实表面喷 50% 多菌灵 1 000 倍液或 45% 噻菌灵悬浮剂 800 ～ 1 000 倍液，杀菌消毒。

## 二、石榴的运输

运输是将新鲜果品从产地运往销地，运输可以满足人们的生活需要，运输的发展可以推动新鲜果品生产的发展。

运输是动态贮藏，要在运输途中保持产品品质和延长其采后寿命，果品的采后成熟度、采后处理、预冷、包装、装卸水平、运输中的环境条件、运输工具、路途状况和组织工作都需注意。

### （一）运输方式与工具

#### 1. 公路运输

公路运输是我国最重要和最常见的中、短途运输方式。汽车运输的优点是投资少、机动灵活、货物送达速度快且不需要换装，即能做到从产地到销售地“门对门”的运输。汽车运输特别适合中短途的运输，能减少转运次数，缩短运输时间。但汽车运输也有缺点，如成本高、载运量小、耗能大、劳动生产率低。同时，汽车运输的损失因道路条件和汽车性能的不同差异很大。若道路条件好，汽车性能好，则运输损失可减少。汽车运输也分为普通车运输和冷藏车运输。

2. 铁路运输

铁路运输是目前我国物资运输的主要方式。铁路运输具有运输量大、速度快、准时、运输成本低、连续性强、不受季节影响等优势，但运输起止点都是车站的大宗货场，前后都需要其他方式进行短途运输，增加了装卸次数。铁路运输适于中、长途大宗的果品运输。采用铁路运输方式运输果品时一般使用加冰冷藏车、机械冷藏车和冷冻板式冷藏车等。

（1）加冰冷藏车（冰保车）。各型加冰冷藏车内部都装有冰箱，都具有排水设备、通风循环设备以及检温设备等。我国加冰冷藏车以 B6 型车顶冰箱冰保车为主，车体为钢结构，隔热材料为聚苯乙烯，顶部有 7 个冰箱。运输货物时在冰箱内加冰或冰盐混合物，控制车内低温条件。

在运输途中，冰保车中的冰融化到一定程度时要加冰，因此，在铁路沿线每隔 350 ～ 600 km 距离就要设置加冰站，使车厢能在一定时间内得到冰盐的补充，维持较为稳定的低温。站内有制冰池、储冰库，使用时将冰破碎。也可把管冰机运用到铁路运输中，制冰在封闭系统中进行，管状冰在蒸发器上直接冻结，管冰为直径小的冻结块，用时不需要另行破碎。此外，还可加入天然冰。加入的冰块质量最好为 1 ～ 2 kg，冰块过大，盐会从冰块间隙掉到冰箱底部而不起作用；冰块太细又会彼此结成团，使制冷面积减少。加入的盐应该干净、松散，如黄豆大小。

冰保车的缺点是盐液对车体和线路腐蚀严重，车内温度不能灵活控制，往往偏高或偏低，且车辆重心偏高，不适合高速运行。

（2）机械冷藏车（机保车）。机械冷藏车采用机械制冷和加温，配合强制通风系统，能有效控制车厢内温度。装载量比冰保车大。

机保车使用制冷机，可以在车内获得低温，在更广泛的范围内调节温度，有足够的能力使产品迅速降温，并可在车内保持均匀的温度，因而能更好地保持易腐货物的质量。机保车备有电源，便于实现制冷、加温、通风、循环、融霜的自动化。由于运行途中不需要加冰，可以加速货物送达，加速车辆周转。与冰保车相比，机保车也存在着造价高、维修复杂、需要配备专业乘务人员等缺点。

（3）冷冻板冷藏车（冷板车）。冷冻板冷藏车是一种低共晶溶液制冷的新型冷藏车。冷板安装在车棚下，并具有温度调节设施，在车外 30 ℃ 的条件下，采用 –18.5 ℃ 的冷板能使车内温度达到 –10 ℃～ 6 ℃。

冷板车的充冷是通过地面充冷站进行的，一次充冷时间约 12 h，充冷后可制冷 120 h。若外温低于 30 ℃，充冷后的制冷时间可达 140 h。车内两端的顶部各装有两台风机，开动风机能够加速空气循环，使果品含有的大量田间热被带走，迅速冷却到要求的温度。

冷板车具有稳定的恒温性能，而这种恒温性能是机械冷藏车所不能拥有的。冷板车的直接制冷成本和能源消耗与冰保车、机保车相比较，其经济效益也是好的。冷板车是一种耗能少、制冷成本低、冷藏效能好的新型冷藏车。其缺点是必须依靠地面的专用充冷设施，因此，使用范围局限在铁路大干线上。

3. 集装箱运输

集装箱是便于机械化装卸的一种运输货物的容器，集装箱运输是当今世界范围内广泛采用的运输工具，既省人力、时间，又保证产品质量，可实现“门对门”的服务。国际标准化组织对集装箱下了以下定义：第一，具有耐久性，其坚固强度足以反复使用；第二，是为便于商品运送而专门设计的，在以一种或多种运输方式运输时无须中途换装；第三，具有 1 $m^3$ 或 1 $m^3$ 以上的容积；第四，便于货物装卸。

### （二）运输管理技术

1. 装卸、堆码要求

装卸和堆码是保证运输质量的基本技术环节。对石榴运输前后的装卸最基本的要求为轻搬轻放，防止野蛮装卸造成严重机械伤；快装快卸，防止品温因装卸耗时太长而升高，造成低温冷链断链，降低运输品质。合理的堆码可以减轻运输过程中的震动，有利于保持产品内部良好的通风环境及运输环境内温度的均衡，同时还可以增加装载量，有效利用空间。果品在运输工具中堆码应遵循的原则：单位货物间留有适当空隙，以保证运输环境中空气流通；每件货物都不能与车厢的地板和壁板相接触；货物不能紧靠机械冷藏车的出风口或加冰冷藏车的冰箱隔板或气调出气口处，以免造成低温伤害、二氧化碳中毒或无氧呼吸。就冷藏运输来说，必须保证运输环境内温度均衡，每件货物都接触冷空气；而保温运输则应使货堆内、外温度一致。在装载堆码前，要注意在车厢底板上垫加一定高度的垫板或其他有利于通风换气和减震的物品。在装载完毕后，应适当捆绑固定，避免运输途中的摇晃和震动。

2. 运输环节条件控制

石榴运输的环境条件控制主要是指温度、湿度、气体成分等。

（1）温度的控制。温度是运输过程中重要的环境条件之一。低温运输对于保持果品的品质及降低运输中的损耗十分重要。随着冷库的普及、运输工具性能的改进，加冰冷藏保温车、机械冷藏保温车、冷藏集装箱等都为低温运输提供了方便。

（2）湿度的控制。湿度在运输中对果品的影响较小。由于果品有良好的内外包装，在运输途中失水造成品质下降的可能性不大，但要注意温度控制不稳定会造成结露现象的发生。

（3）气体成分的控制。采用冷藏气调集装箱的方式运输和长距离运输时，要注意气体成分的调节和控制，气体成分浓度的调节和控制方法可参照果品在气调贮藏时的相关要求和技术进行。对于石榴，可采用塑料薄膜袋的内包装方式，达到微气调的效果。

（4）防震动处理。运输途中剧烈的震动会造成新鲜果品的机械伤，机械伤会促使水果乙烯生成，加快果品的成熟；同时使果品易受病原微生物的侵染，造成果品腐烂。因此，在运输中尽量避免剧烈的震动。比较而言，铁路运输震动强度小于公路运输，水路运输又小于铁路运输。震动的程度与道路的状况、车辆的性能有直接关系，路况差，震动强度大，车辆减震效果差也会加大震动强度。在起运前一定要了解路径状况，可采取包装产品时增加填充物、装载堆码时尽可能使产品稳固或加以牢固捆绑的方式，以免造成挤、压、碰、撞等机械损伤。

# 第六章　石榴的贮藏

## 第一节　简易贮藏

简易贮藏属于常温及保温贮藏，是一种自然降温贮藏方式，其贮藏场所内不需要制冷设备，利用自然低温来维持贮藏适温，结构简单，所需的建筑材料少，费用低，但可控性差，而且环境条件对其影响很大。此法适合小规模贮藏或农家自藏。各地都有一套适应本地气候的典型贮藏方法，有些至今仍大规模应用。

### 一、堆藏

堆藏是将石榴直接堆放在田间或庭院或室内地面，根据气温的变化，增减秸秆、草席、棉被或塑料薄膜等覆盖物，以维持贮藏环境中的适宜的温度和湿度，从而达到贮藏目的的一种方法。

应根据外界气候的变化，及时调整覆盖的时间和厚度，以维持堆内适宜的温湿度。在贮藏初期，白天温度较高时覆盖，晚上打开通风降温；当石榴温度降到接近 0 ℃ 时，则随着外界温度的降低而增加覆盖物的厚度，防止产品受冻。

可选择冷凉、湿润、通风的房屋，在地面铺厚约 10 cm 的鲜草、地瓜秧、鲜马尾松松针等，将石榴一层果梗向下、一层果梗向上交替摆放，高度 40 ～ 60 cm 为宜，上面盖上鲜草，并随温度变化增减覆盖物。此法可贮藏保鲜 70 ～ 100 天。

堆藏的特点在于不需要特殊设备，堆积方便，可应急或短期贮藏，但此方法受外界温湿度环境影响较大，失水、腐烂损耗较大。

### 二、沟藏

沟藏是充分利用土壤的保温、保湿性进行贮藏的一种方法，其效果比堆藏好，贮期较堆藏长。

选地势平坦、阴凉、清洁处挖贮藏沟。沟深 80 cm、宽 70 cm，长度根据贮藏数量而定。在较寒冷地区，沟的走向以南北为宜，较温暖地区则以东西为宜。石榴采收前 3 ～ 5 天，挖贮藏沟，白天用草苫将沟口盖严，夜间揭开，待沟内温度和夜间低温基本一致后，即可采收、装袋入沟贮藏。

于晴天早晨采收成熟的石榴，并用防腐剂（100 倍 d 7 保鲜剂）溶液浸泡 10 min 后装入厚 0.04 mm、宽 50 cm、长 60 cm 的无毒塑料袋，每袋装 20 kg，装袋后将袋口折叠，放入内衬蒲包的果筐或果箱内，盖上筐盖或箱盖，不封闭。

贮藏前期，白天用草苫覆盖沟口，夜间揭开，将贮藏沟内的温度控制在 2 ℃～ 3 ℃ 为宜。贮藏中期，随着自然温度不断降低，当贮藏沟内温度降至 0 ℃时，把塑料袋口扎紧，筐或箱封盖，并用 2 ～ 3 层草苫将贮藏沟盖严，使沟呈封闭状态，每个月检查一次。贮藏后期，3 月上中旬气温回升，沟内贮藏温度升至 3 ℃ 以上时，再恢复贮藏前期的管理，利用夜间的自然低温，降低贮藏沟内的温度，延长贮藏期。本贮藏法简便、易行，可使石榴果实贮藏到翌年 4 月底或 5 月上旬，果实依然光洁、色泽艳丽、新鲜如初，好果率达 92% 以上。

如果贮藏期间石榴不装袋，可在贮藏沟内每隔 1.0 ～ 1.5 m 设置一个通气孔（可用秫秸把或竹筒制成），下至沟底，上高出地面 20 cm。在沟的底部铺 5 cm 厚的湿沙，在上面码放石榴，每放一层石榴就覆盖一层湿沙，抚平后再放一层石榴，这样可放 6 ～ 7 层，最后覆盖 10 cm 厚的湿沙，以席子封顶。贮藏初期，白天用席子盖严，减少阳光的辐射，夜间和凌晨利用冷空气尽快降低沟内温度；贮藏中期，加厚沟面的覆盖层，保持沟内温度的稳定，并使沟面高出地面，避免积雪融化后渗入沟内；贮藏后期，注意降低沟内温度，以便延长贮藏期。

沟藏的特点是在晚秋至早春可充分利用地温，可以通过调整沟深、沟宽和对覆盖进行合理管理来调节贮藏环境的温湿度；设备简单，可就地取材，成本低；较堆藏温湿度稳定；贮藏时间长。沟藏存在的主要问题是贮藏初期和后期的高温不易控制，整个贮藏期不易检查贮藏产品，并且挖沟需较多劳力，还占有一定面积的土地，因此，贮量受到一定的限制，贮藏损耗也较大。

## 三、窖藏

窖藏也是科学利用地温但又较沟藏先进的果品贮藏方式，在我国南北方各地均有应用，有棚窖、窑窖、井窖等多种形式，但也受到气温和地温的显著影响。

### （一）棚窖

根据入土深浅不同，可将棚窖分为地下式棚窖和半地下式棚窖两种类型。

1. 地下式棚窖

其主体深入地下，唯窖顶高出地面，保温性能较好，适用于寒冷北方的冬季，但要求地下水位低，以防窖内湿度过高。窖顶棚盖材料就地取材，以降低成本。秸秆和泥土层厚度要依气候条件而定。大型棚窖往往在一侧或两端开设窖门，以利于石榴进出和前期通风散热。外界气温下降后，也可以堵严窖门，改走天窗。

2. 半地下式棚窖

窖坑深 1.0 ～ 1.5 m，挖出的土方堆在坑池四周筑成土墙，高出地面 1.5 m 左右，加棚顶即成半地下式棚窖，天窗、窖门等可参照地下窖建造。如果土质不好，不宜打成土墙，地上部分可用砖石砌里，然后用土堆封；或沿窖壁两侧每隔 2 ～ 3 m 加立柱一根，与窖顶连接成一体，也比较牢固。为加强前期通风散热，可在墙两侧靠近地面处每隔 2 ～ 3 m 留一个气孔，天气冷时堵死。这种棚窖入土较浅，保温性能稍差，适合气候比较温暖的地区或地下水位较高的地方。

对套袋石榴采用棚窖进行贮藏保鲜，方法简便、成本低、自然损耗少，不仅可提高商品价值，还能延长市场供应期，有效缓解供需矛盾。

应选择地势高燥、向阳通风、清洁、交通方便的地方，按东西走向挖长 6 ～ 8 m、宽 4 ～ 6 m、深 3 ～ 3.5 m 的地窖。窖顶用檩木支架竹箔，铺设麦秸、稻草，留好换气窗后用细泥抹平，加盖油毡，以增强防风防雨、保温隔热的效果。窖底铺设一层新烧制出窑的砖块，加固窖口、换气窗，防止发生鼠害。

选择完全成熟、果形端正、无病虫、无机械伤、无裂果、单果质量 300 g 以上的果实，先在用冷凉井水配成的 400 mg/L 的 2，4–D 钠盐与 80% 多菌灵可湿性粉剂 800 倍液的混合液中浸泡 1 ～ 2 min，然后在阴凉通风的环境中或预冷棚内充分预冷 1 ～ 2 天，利用夜间低温散尽果实携带的田间热和自身产生的呼吸热。在预冷过程中，不仅要注意散热通风，还要避免冷害及动物、有害微生物侵害。

待果实预冷晾干后，用保鲜袋装好单果，拧紧袋口，外套发泡网套，装入塑料果蔬贮藏箱内。装果前在箱底及四周铺衬厚 0.008 mm 的洁净、无毒的聚乙烯保鲜膜。装果时尽量纵向摆放，以防果柄、萼筒扎破保鲜袋或果实相互摩擦。

果实装箱后迅速入窖。果箱在果窖内交错码成“花垛”，在有代表性的位置安放温、湿度计。适宜石榴贮藏保鲜的温度为 3 ℃～ 4 ℃，相对湿度为 60% ～ 65%。初入窖时，若窖温偏高，可夜间打开换气窗通风散热，待窖温稳定在 4 ℃ 左右，关严窖口、换气窗，保持窖内温度均衡稳定；温度继续降低时，用塑料布、棉布帘封严窖口、换气窗，在窖顶加盖草苫、作物秸秆等御寒保温。

根据窖温变化及时增减覆盖物，保持窖内温度稳定。窖内湿度低于 60% 时，在地面淋水或增挂麻布片喷水增湿；湿度过大时，可在窖内撒施白灰或堆放木炭等物吸潮降湿。早春化冻前，用容器收集冰雪，适时放入果窖降温保湿，可延长果品贮藏时间，提高保鲜质量。入窖后，应每隔 7 ～ 10 天检查一次温度、湿度，并随时观察果实质量变化情况。发现果实褐变时，要迅速剔除病果，带出果窖深埋。要根据市场行情和果品质量变化及时出窖销售，以获取最佳经济效益。

窖藏 90 天后，果实失重率为 7.3%，好果率为 99.2%；窖藏 120 天后，果实失重率 8.7%，好果率为 91.8%。贮期最长可达 150 天。窖藏保鲜后的果实，果色、风味如初，商品价值基本不受影响。

### （二）井窖

贮藏石榴还可采用井窖，井窖也称“干井拐窖法”。选择地势高燥处，挖直径 1 m、深 2.0 ～ 2.5 m 的干井，然后向四周挖拐窖，拐窖的大小依石榴多少而定。拐窖内地面铺草，将石榴按级分层放于窖内。开始时敞开窖口，天气冷凉后把井窖盖好（要留通气孔）。每隔 15 天检查 1 次，发现烂果就及时剔除。这样可贮至翌年 4—5 月，极耐贮品种可贮至翌年新石榴成熟。

### （三）窑窖

窑窖在我国西北地区广泛应用。一般是利用山坡挖洞，果品收获后放入其中进行贮藏。可以散堆，也可以围垛，还可以装筐码垛。

## 四、缸、罐藏

选用新的坛瓮或缸罐等，底层铺一层细砂，厚约 5 cm。将经过杀菌剂处理后的石榴，分层放于容器中，至堆满为止。坛口或缸口用塑料薄膜包扎好即可。1 个月检查 1 次，并剔除烂果。可存放到第二年的 3—4 月，好果率在 90% 以上。

## 五、挂藏

采用挂藏方式贮藏，在采收时就要留下一段果梗，用麻绳将果梗绑成串，悬挂于阴凉的房屋里，或者用报纸、塑料薄膜包装，挂在温度、湿度变化小的室内，可贮至春节前后。若贮藏石榴，则需要提前半个月采收，过熟的石榴挂藏易发生腐烂。

### 六、袋藏

将预冷并经杀菌剂处理的石榴放入聚乙烯塑料薄膜袋中，扎好袋口，置于阴凉的室内。以此法贮藏 140 天后，石榴果实依然新鲜如初。也可将经杀菌剂处理的石榴果实用塑料袋进行单果包装，在 3 ℃～ 4 ℃ 条件下贮藏 100 天后，果实新鲜度好，虎皮病轻。塑料袋单果包装贮藏比其他办法的效果要好。

### 七、沼气贮藏

沼气贮藏石榴就是通过控制贮藏室内空气的成分和温度，使所贮藏果实的呼吸、蒸腾作用降到最低程度而又不致室息发生生理病害。具体方法是建造密封的贮藏室，预留适当大小的门、进排气管和观察孔，观察孔上装玻璃，以便观察室内的温度计、湿度计。将预贮好的果实放入贮藏室后，就开始向室内充入沼气。沼气量要严格控制，为室内容量的 14%，然后关门密封。贮藏室内温度以 5 ℃～ 15 ℃ 为宜，相对湿度为 80% ～ 90%。每 10 ～ 15 天翻动 1 次，同时通风 3 ～ 4 h，以防过度缺氧。沼气贮藏是一种成本低、效益高、易操作的贮藏方法，果实可贮藏至次年 5 月中下旬，贮藏期可达 200 天以上，保鲜率达 95% 左右，适于产地规模化大型贮藏。

### 八、茓子囤贮藏

选择阴凉避风的地方，用砖木板搭成 5 ～ 6 cm 高的垫底，其上铺一层干草，然后把茓子展开，沿垫底周边呈螺旋方式向上卷囤。茓子内壁衬一层废报纸，里边摆放石榴，大果放中央，榴嘴向里，一层一层地摆放，囤高 1 ～ 1.5 m，最后在上面用席子做成雨搭。

## 第二节　通风库贮藏

通风库贮藏是一种自然降温贮藏方式，它是在有较完善的隔热结构和较灵敏通风设施的建筑中，利用库房内外温度的差异和昼夜温度的变化，以冷热空气对流的方式来维持库内较稳定和适宜果品贮藏的温度的一种贮藏方法。通风库是在棚窖基础上发展而来的，它是棚窖加以通风系统及隔热设施的一种固定贮藏设施。通风库具有投资少、管理方便等优点，在我国北方地区广为发展，已成为我国果品贮藏的最普遍的方式之一。但由于通风库贮藏主要是依靠库房内外温差来维持贮藏温度的，在气温过高和过低的地区和季节，如果不加设其他辅助设施，就难以达到和维持理想的温度条件，在使用上受到地域和自然条件的限制。相对湿度也不易精确控制，容易使果品发生干耗，因而贮藏效果不如机械冷藏。

## 一、通风库的建造

### （一）库址的选择

通风库宜修建在地势高燥、通风良好、地下水位低的地方，同时，通风库的吞吐量较大，要求交通及水电设施方便。

1. 地下水位

通风库不宜修建在距离地下水很近的位置，原因是如果距离很近，库内相对湿度较大，就不利于产品的贮藏。为了防止库内积水和春天地面返潮现象的发生，库底和地下水最高水位的距离应在 1 m 以上，此判断应以当地历年最高地下水位为准。

2. 通风条件

通风库由于是依靠自然作用调节温度和相对湿度的，所以应建在地势高燥、周围没有高大建筑物的地方，这样会有良好的通风效果，有利于果品的贮藏。

3. 交通条件

为了便于大宗产品的出入和管理，通风库应建在交通便利之处；由于吞吐量较大，应建在便于接通水、电的地方；距离产销地点不能太远，且要便于安全保卫。

4. 库址朝向

库址的朝向在不同地区的选择有所不同，如在北方，为了减少冬季寒风的直接袭击，便于保温，通风库以面朝东、南北延长为宜。而在南方，习惯上建成东西延长、面朝北的通风库，原因是这种方位有利于利用北面的风口引风降温，同时在南侧加厚绝缘层或设置走廊，以减少南侧直射阳光的影响。

### （二）库形的选择

通风库有地上式、半地下式和地下式三种形式，其中地上式以南方通风库为代表，半地下式在北方地区应用较普遍，地下式与西北地区的窑洞极为相似。

1.地上式通风库

由于此类通风库修建在地面上，不能利用土壤的保温作用对果品进行贮藏，且受环境温度的影响比较大，因此，库体需要有良好的隔热设施。此类通风库的通风系统较完善，一般将进气口设在库墙底部，排气口设在库顶，利用其较大的风高差来使空气对流，达到降温的效果。

2.半地下式通风库

半地下式是介于地上式和地下式之间的一种形式，多应用于北方较温暖的地区。此类通风库库体一半处于地面以上，另一半处于地面以下，因此可以利用土壤进行隔热。

3.地下式通风库

地下式通风库一般适用于高寒地区。由于其库体全部处于地下，所以可充分利用土壤较低而稳定的温度，但进、出风口的高差不宜过大，通风效果不及地上式通风库。

### （三）库顶的选择

通风库的库顶有脊形顶、平顶及拱顶三种。脊形顶适于使用木材等建筑材料，但需在顶下单独做绝缘层，使建筑造价增大；平顶的暴露面最小，可节约绝缘材料且绝缘效果好；拱顶的建筑费用一般较低。

### （四）通风设置

通风系统是通风库结构中的核心部分，主要包括进气口和排气口。通风系统的效能直接决定着通风库的贮藏效果。通风系统通过进气口和排气口获得流速稳定的冷空气，其与库内的热空气进行对流，从而使库内的温度降低，使贮藏放出的呼吸热、二氧化碳及芳香性气体释放出去，以达到保持果品良好品质的目的。

制约通风库内空气对流的速度和流量的因素有通风设备的通风面积、通风系统的形式及进气和出气设备等因素。进气口和排气口的位置及数量对库内空气的流速和流量也有很大的影响，由于通风库的通风机理主要依靠热空气上升形成的自然对流作用，提高进气口和排气口之间的压差可以提高通风效果，即当进气口和排气口的面积确定之后，可尽量加大进气口与排气口的垂直距离，距离越大，通风效果越好。因此，一般将进气口设于库底或墙基部，而排气口应高出屋面 1 m 以上。

为了提高通风效果，一般以面积小、数量多为原则设计通气口，且将其均匀分布在通风库中，使各处果品尽量均匀通风。一般贮藏量在 500 t 以下，每 100 t

产品的通风面积不应少于 1.0 $m^2$。进气口和排气口的面积为 25 cm×25 cm，间隔 5 ～ 6 m 较为适宜。

另外，进气口和排气口均应设置隔热层，其口的顶部有帽罩，帽罩之下空气的进出口宜设铁纱窗，以防虫、鼠进入。进气口在地下的入库口和排气口的出库口设活门，作为通风换气的调节开关。

### （五）隔热设置

通风库内的温度除了由通风系统决定，还要由隔热系统决定。通风库有库顶、四周墙壁以及地坪六个面，这六个面的面积大小及隔热性能就决定了整个通风库的隔热性能，而通风库的隔热性能又主要体现在隔热材料的隔热性能及厚度两个方面，门窗四壁的严密程度也对通风库的隔热性能有一定的影响。

#### 1. 隔热材料的性能

隔热材料的隔热性能常用热导率来表示，它是指厚度为 1 m 的隔热材料，在内外温差为 1 ℃ 时，1 h 内通过 1 $m^2$ 表面积所传导的热量（kcal）。通过隔热材料的热量越少则导热率越低，其材料的隔热性能就越强，反之亦然。在建筑中常将常温下热导率小于 0.2 kcal/（m · h · ℃）的材料称为隔热材料。另外，热阻值也能够表示隔热材料性能，其值为热导率的倒数，热阻值越大表明材料的隔热性能越好，反之亦然。

除了对隔热材料的性能有要求外，还需要在其他方面加以控制，如隔热材料要无毒无害、无异味或无其他挥发性气体逸出；有一定的机械强度及弹性，但要质轻；防潮；不自燃或易燃；廉价易得等。

通风库中常用的隔热材料有软木板、石棉、泡沫塑料、纤维板、刨花、稻壳、炉渣、作物茎秆等。软木板、石棉的绝缘性能好，但价高，使用受到一定的限制。现在通风库中使用较多的是新型的聚氨酯泡沫板、膨胀珍珠岩等。

#### 2. 隔热材料的厚度

通风库的墙体一般由内外两层组成，外墙为承重墙，由砖、沙等组成，而内墙由轻质材料构成，内外墙中间夹隔热材料。由于很多隔热材料吸湿后隔热能力会下降，在隔热材料两侧也应设置防水层。

不同种类隔热材料的隔热性能是不同的，因此在建造通风库时应根据所使用的隔热材料的种类确定其厚度。一般而言，隔热性能强的材料厚度小，而隔热性能弱的材料厚度大。

确定了各种材料的隔热性能的总和即可大致确定通风库的隔热性能，一般要求将所使用的各种隔热材料的厚度乘以其对应的热阻值，所得的热阻值的总和达到 1.52 就符合通风库的隔热要求。

3. 门窗的紧密程度

由于门窗最易产生对流传热，通风库门窗的紧密程度也能影响其隔热性能。为了减少门窗对隔热性能的影响，以保温为主的通风库应尽量减少门窗的数量及面积，并且在门上也设置隔热材料，一般选用泡沫塑料等高热阻材料。采光窗应用双层玻璃，层间距 5 cm 左右，窗外再设百叶窗，以防止阳光直射。

## 二、通风库的使用和管理

### （一）库房及用具消毒

每年石榴入库前都要对库房进行全面消毒，尤其是使用过的库，必须彻底进行清扫，清除杂物，扫净垃圾和尘土；对墙体、地面、贮架、包装容器、工具器材等进行洗刷，以确保其清洁卫生；还要对库内环境进行消毒杀菌处理。经常使用的消毒方法有以下几种。

1. 漂白粉

漂白粉是普遍应用的一种消毒剂，它是由消石灰吸收氯气制得，为灰白色或白色粉末，有味，具有强腐蚀性，溶于水，在水中易分解产生氯气而具有灭菌作用。市售产品多为含有效氯 25% ～ 30% 的漂白粉和浓缩漂白精（液）。使用方法：一是配成浓度为 0.5% ～ 1.0% 的水溶液，喷洒库房或洗刷墙体、地面、器具；二是可将漂白粉直接撒放在库、窖地面，使其自然挥发，熏蒸灭菌。

2. 硫黄粉

硫黄粉，淡黄色粉末，是一种强氧化灭菌剂，对霉菌类灭菌效果显著。用量为每立方米空间用 10 ～ 15 g 硫黄，使用方法是用燃烧产生的烟雾熏蒸：在库内地面分布几点，混拌锯末等易燃材料点燃成烟后，密闭 24 ～ 48 h，然后打开库、窖门，充分通风。熏蒸时人员必须撤出。

3. 过氧乙酸

过氧乙酸是一种无色透明、具有强烈氧化作用的广谱杀菌剂，对真菌、细菌、病毒等均有杀灭作用，腐蚀性较强，使用分解后无残留。使用方法是将市售过氧乙酸甲、乙液混合后，用水配成 0.5% ～ 0.7% 的溶液，按每立方米空间 500 mL 的用量，倒在玻璃或陶瓷器皿中，分多个点放置在库内，或直接在库内喷洒（注意不能直接喷到金属表面），密闭熏蒸。也可用市售 20% 的过氧乙酸，按每立方米空气 5 ～ 10 mL 的量，配成 1% 的水溶液来喷洒。密闭熏蒸 12 ～ 24 h 后，再通风换气。使用时注意不要喷到人体上，要做好人体防护。

4. 福尔马林

市售的福尔马林产品一般是含甲醛 37% 的弱酸性水溶液，也可使用前现配。福尔马林对真菌杀灭力很强。使用方法是将福尔马林按每立方米空间 15 mL 的量，加入适量的高锰酸钾或生石灰，稍加些水，待产生气体时，密闭库门熏蒸 6 ～ 12 h，然后开库通风换气。

5. 二氧化氯

二氧化氯无色、无臭、透明液体，具强氧化作用，对细菌、真菌、霉菌具有很强的杀灭和抑制作用。市售溶液为 2% 浓度。使用时按每立方米库内用 1 mL 原液，加 0.1 g 柠檬酸晶体，经 10 ～ 30 min 溶解活化后，进行库间喷雾，密闭熏蒸 6 ～ 12 h 后，可开库通风。

6. 乳酸

乳酸为无臭、无色或黄色浆状液体，对细菌、真菌、病毒均具有杀灭和抑制作用。使用时将浓度 80% ～ 90% 的乳酸原液和水等量混合，按每立方米库内空间用 1 mL 混合液的量，置于瓷盆内，用电炉加热，使之蒸发，关闭电炉，密闭熏蒸 6 ～ 12 h，再开库通风。

7. 其他消毒剂

除了上述药剂方法外，还可用 1% 苯扎溴铵、2% 双氧水、2% 热碱水、0.25% 次氯酸钠等药剂进行喷洒熏蒸，或洗刷墙面、地面和贮架。

**（二）温度控制**

石榴采后会有大量的田间热及旺盛的呼吸作用，故入贮时产品温度较高，而在夜间入贮可以利用夜间的低温来降低产品本身高温带来的危害。夜间贮存后，打开所有门窗及通风系统大力通风可带走产品的热量，还可以利用夜间的低温进行通风，以使通风库尽快达到适宜果品贮藏的温度。

随着贮藏时间的延长，要根据产品的生理情况、环境温度的变化来控制通风库内的温度，并保持其温度。当外界温度高于库温时，应在一天中环境温度最低的时候通风，其余时间保持通风库关闭，以保持库内的低温，防止外界温度传导进来使库内温度升高，从而不利于石榴的贮存；当外界温度低于库温时，应在一天中环境温度最高的时候通风，其余时间保持通风库关闭，以保持库内的高温，防止外界温度传导进来使库温降低，影响石榴的品质。当隔热材料不足以抵御外界的寒冷时，则应增加保温措施，防止石榴发生冻害。

#### （三）湿度管理

通风库内相对湿度一般维持在 80% ～ 90%。原则上说，通风量越大，库内湿度越低，所以贮藏初期库内湿度往往不足，可采用地面喷水、悬挂湿草帘、撒湿锯末等形式增加湿度。当库内湿度过高时，易使某些霉菌大量繁殖，须降低湿度，除适当加大通风量外，还可采用在库内放置消石灰等吸湿剂的方法降低湿度。

## 第三节　机械冷藏

机械冷藏是指在良好的隔热条件下，利用人工制冷方法使贮藏场所内的温度达到适宜果品贮藏的低温，从而使果品在销售前能够维持良好的食用品质及商品价值。一方面，低温可以抑制果品的呼吸作用，延缓衰老；另一方面，低温还可以抑制微生物的生长繁殖，减缓果品氧化和腐败进度。冷藏法是我国目前广泛使用的一类贮藏保鲜方法。

### 一、机械冷藏概述

#### （一）机械冷藏的原理及特点

机械冷藏是一种现代化的冷藏法，其原理是利用制冷剂的相变与能量变化之间的关系，同时借助制冷机械的作用，并适当加以通风换气，维持库内的适宜果品贮藏的温度、相对湿度等条件。具体方法是制冷剂汽化时吸收环境中的热量，使库温下降到果品适宜的温度；汽化后的制冷剂经过压缩机加压和冷凝器冷却而液化，此时放出热量，被空气或水带走，这样循环往复便起到了制冷效果。机械冷藏可精确控制贮藏温度，受外界环境的影响较小，适用的果品范围很广，且在很多地区广泛使用，库房可以终年使用，贮藏效果好。但机械冷藏需要良好的管理技术，且运行成本较高。

### （二）机械冷藏的结构特点

#### 1. 冷库

冷库温度一般维持在 -1 ℃～ 1.5 ℃，因此应具有良好的隔热性能，尽量避免与外界发生热传递。隔热材料的选择、厚度的计算及装置方法同通风库。冷库一般建在地形开阔、交通方便的地方，且要求水、电较方便。

（1）冷库的类型。依据不同的因素可将冷库分为不同的类型。根据控温的高低，可将冷库分为高温型（-5 ℃～ 7 ℃）、中温型（-23 ℃～ -10 ℃）、低温型（-30 ℃～ -23 ℃）和超低温型（-30 ℃ 以下）；根据冷库容量的大小，可将冷库分为大型、大中型、中小型及小型；根据库体构造的不同，可将冷库分为单层库和多层库；根据冷库库体结构形式的不同，可将冷库分为土建冷库和装配式冷库。

应根据果品种类、贮后目的及经营者的经营能力的不同，选用适宜的冷库类型。石榴的贮藏应选用高温型冷库。

（2）冷库的结构。冷库一般包括主体及其附属结构，主体为石榴的贮存场所；附属结构主要是指与贮存主体相关的其他辅助建筑、隔热层及防潮层。

①冷库主体。冷库的主体结构一般为长方形厂房，要求结构坚固，设计的运输路线不宜过长以提高工作效率。大规模的冷库多为多层多间，小规模的冷库多为单层多间。

②附属机构。除了冷库主体，还需要一些其他建筑，如整理间、制冷机房、变配电室、水泵房、产品检验室和过磅间等；还需要生产管理人员的办公室、员工的更衣室和休息室、卫生间及食堂等。

冷库要维持贮藏果品所需要的低温，但冷库是由砖、石或混凝土建成，这些建筑材料无法满足隔热的要求，因此在冷库的外墙、地面等外侧加设隔热材料；又由于隔热材料受潮后隔热性能会显著下降，在隔热层两侧还需要加设防潮层。

隔热层的设置对冷库工作效率的提高有极大的作用。就冷库的使用效率及成本方面而言，选择合适的隔热材料、加设时采用合适的厚度不仅能够提高冷库的使用效率，还能够节约其他方面的成本，如耗电量、设备维修费用。就对贮藏果品品质的影响而言，由于冷库的四壁、房顶、地面的耗冷量占冷库耗冷量的 1/3，隔热性能好的隔热材料可使冷库的保温性提高，降低冷库耗冷量、减小冷库内的温度波动，这样有利于保持果品良好的食品品质及商品价值。

冷库内外由于有一定的温差，所以会形成水蒸气分压差，当外界温度高于冷库温度时，这种压差会导致外界的水蒸气进入冷库内，使库内的相对湿度发生变化，对果品的贮存不利；且这种情况容易使隔热层受潮，隔热性能下降，对冷库的保温也有不利影响。因此，应在隔热层两侧都加设防潮层，至少也应在高温面加设，并且要保持防潮层的完整性，即墙壁、地面、天花板的防潮层要保持连接，使整个冷库的相对湿度都不受外界的干扰。另外，在隔热层与防潮层之间应再涂抹一层水泥面或其他保护材料，使隔热材料隔热性能更有保障。

防潮层使用的材料一般有三种。一是沥青防潮。多用于砖筑式冷库，加热石油沥青成沥青油毡敷设在隔热层外侧。此法黏接性强、塑性好、防潮、耐化学侵蚀、温度敏感性较小、老化慢，但需要加热，施工不方便，并需要考虑其他材料的耐热性能。二是塑料薄膜防潮。通常采用聚乙烯塑料薄膜，用双面胶带或其他黏胶粘贴于贮藏库内侧。此法施工简便，费用低，且无须加热，但薄膜容易破损，对果品贮藏不利。三是使用金属夹心板兼作防潮层。对于装配式冷库，所采用的金属夹心板除具有隔热作用外，还有防潮隔气、机械保护作用，所以可不必另设防潮层。

2. 制冷系统

制冷系统是冷藏库的核心，是冷库恒温的根本保证。机械冷库的制冷实际上是制冷剂、制冷机和冷藏库三者协调配合的结果。制冷系统包括制冷剂和制冷机。

（1）制冷剂。制冷剂需要具备以下特点：吸热性能好，蒸发比容较小，对人体健康，对环境无害，对金属管件无腐蚀作用，无燃烧和爆炸危险，不发生化学反应，廉价易得。最常用的制冷剂是氨和氟利昂。

氨是大型制冷系统最常用的制冷剂，有毒，并能燃烧和爆炸，是中温制冷剂。氨能以任意比例与水相互溶解，组成氨水溶液。氨对钢铁不起腐蚀作用，但当氨含有水分时会腐蚀锌、铜、青铜及其他铜合金，而对磷青铜则例外。氨的优点是对大气无污染，易于获得，价格低廉，压力适中，单位容积制冷量大，不溶解于润滑油，放热系数大，在管道中流动阻力小，易于发现泄漏；缺点是有刺激性臭味、有毒、会燃烧和爆炸，对铜及铜合金有腐蚀作用。

氟利昂属于卤代烃类，简写为 CFCs，最常用的氟利昂制冷剂是 R12、R22、R502 等。氟利昂在制冷工业中广泛应用，但也给人类生存环境带来了严重影响，主要表现为氟利昂自地球表面进入平流层后，在短波紫外线作用下放出氯，氯与臭氧反应，造成臭氧层臭氧含量减少，从而威胁地球上的生物，使大气变暖、植物生长受损害、农业减产、人体免疫系统受到破坏等。包括中国在内的许多国家都已出台了停止使用 CFCs 类物质的公告。我国有关单位积极采取措施，逐步淘汰氟利昂制冷剂，广泛开展替代物的研究，并取得了很大进展。

（2）制冷机。人工制冷的方法很多，目前常用的有液体汽化制冷法和蒸汽制冷法。蒸汽制冷又可分为蒸汽压缩式、蒸汽吸收式、蒸汽喷射式三种制冷方式，其中以蒸汽压缩式制冷最为广泛。压缩式制冷机主要由压缩机、冷凝器、调节阀和排冷器四部分组成。

压缩式制冷机是一种闭合循环系统，其工作流程可以分为两个阶段。第一阶段即低压阶段，此阶段制冷剂汽化吸热，压缩机工作，对蒸发器进行抽气降压，这时贮液器中的液体制冷剂经调节阀进入蒸发器中，由于压力骤减，制冷剂便由液体变为气态，在此过程中吸收热量，降低了冷藏库中的温度。第二阶段即高压阶段，汽化后的制冷剂再被压缩机抽回，压缩成高压状态而进入冷凝器里，经过冷却，除去热量而重新液化，流入贮液器内。贮液器内的液态制冷剂再经过膨胀阀又进入蒸发器汽化吸热，就这样循环往复实现冷藏。

3. 净化库内空气系统

果品贮藏一段时间后，由于呼吸作用的结果，一些气体会逐渐积累，如积累的二氧化碳气体浓度过高会引起果品的生理失调及品质劣变，积累的乙烯气体会促进果品的衰老。因此需要采取一定的设备或系统来保持贮藏库内的气体交换，可以在冷库内安装良好的抽气系统，使库内不利于果品贮藏的气体与外界新鲜空气进行交换；也可在冷库内安装内置洗涤剂的气体洗涤器，以达到净化库内空气的目的，常用的洗涤二氧化碳的洗涤剂有活性炭、氢氧化钠、氢氧化钙等。

## 二、机械冷藏的管理

### （一）入库前的管理

在石榴入库之前，要将库房清扫干净，并用化学药剂进行消毒，彻底杀除库内隐藏的各种病虫害和微生物。用于贮藏的容器和用具也要用 0.05% ～ 0.1% 的漂白粉溶液进行浸泡消毒。为了达到更好的贮藏效果，石榴在贮藏之前应当经过预冷环节，此环节可以降低田间热，降低呼吸强度，不仅可以减少生理病害发生，还可以减轻制冷系统热负荷，降低制冷设备的运转成本。

果品的堆放要合理，以充分利用冷库空间、便于产品之间空气流通为原则。另外，为防止石榴产品受到冷害或冻害，一般蒸发器或冷风吹出口处 2 m 之内不宜堆码果品。

### （二）果实入库

果实入库时的库温为（5.5 ± 0.5）℃，刚刚入库的果筐在库内摊开摆放，预冷散热，48 h 后可码放成垛。码垛要求：顺风排放，垛宽为 3 个筐的宽度，长度与高度随库体空间而定，垛间距 10 ～ 15 cm，每两垛间留人行道 60 cm。风机前要留好通风道，以便冷气流畅。每天物料入库量占库容的 15% 为宜，一次入库量过大，库温就难以下降，且果实表面容易结露。单库 7 天内装满封库。

### （三）贮藏期间管理

#### 1. 温度管理

贮藏期间，库内温度对石榴的品质有很大的影响。入库前期，应尽快降低库内温度，以减少田间热对石榴品质的影响；贮藏中期，要保持库内温度适宜且稳定。库内温度要适宜石榴的贮藏，过低容易导致石榴冻害，过高则会使其呼吸作用增大，贮藏效果不理想。库内温度要保持恒定，波动过大会使石榴失水加重，导致库内相对湿度增大，微生物易侵染石榴，也会为库内相对湿度管理带来不便。另外，库内各部位的温度要分布均匀，防止出现过冷或过热的死角，造成贮藏后产品品质不一的不良现象。

石榴适宜冷藏的温度为 4 ℃～ 5 ℃，入库完毕后，要将库温调到（5 ± 0.5）℃ 保持 5 天，然后再调到（4 ± 0.5）℃ 长期贮藏。一定要注意库内温度的恒定性，严防结露。库内要悬挂玻璃水银温度计，并与机组自控温度计联合校对应用，以防读数误差。

#### 2. 相对湿度管理

库内相对湿度也对石榴的品质有重要影响。在冷藏期间库内的相对湿度应控制在 90% ～ 95%，若相对湿度过小，石榴会失重或失鲜，可以通过地面洒水、喷雾、撒湿锯末、覆盖湿蒲包等方法增加库内相对湿度；若相对湿度过大会导致微生物的滋生速度加快，可采用撒石灰等方法降低库内相对湿度。

#### 3. 通风管理

通风换气也是冷藏管理中的一个重要环节。通过通风换气可以排除过多的二氧化碳和其他有害气体物质。通风换气一般应在气温较低的早晨进行，雨天、雾天等外界湿度过高时不宜进行通风换气，通风换气的同时应开动制冷机械，以减缓库内温、湿度的变化。

#### 4. 库内巡查

应每天库内检查 3 次，观察贮藏温度、相对湿度，并填写冷库管理记录，如出现停电、机械故障等，要及时处理，详细记录。入库 2 个月后，应设观察点对筐内果实每 15 天观察 1 次；入库 3 个月后，每 10 天观察 1 次，每次观察情况都应详细记录。如果有烂果现象，要尽快出库，以防烂库。

5. 设备安全

要配备相应的发电机、蓄水池，保证供电、供水系统正常。冷风机可将冷气均匀吹散到库间，使库内温度相对一致。要保证库体密闭保温和温度稳定，停机 2 h 库温上升不超过 0.5 ℃，防止果实表面结露，发生冻害。

### （四）产品的出库管理

出库前将石榴在缓冲间放置 8 ～ 12 h，待果实温度与外界温度相差 3 ℃～ 5 ℃后，在果实表面贴上标签，套上网套，装入 5 ～ 7.5 kg 纸箱（或泡沫箱），成品出库。长途运输时，如果用卡车运输，须在车辆地板铺棉被，其上铺塑料薄膜，再装入果箱。货物装满后，箱外用塑料薄膜和棉被再次包裹。冷链物流过程中，采用冷藏车运输石榴保鲜效果更佳。

### （五）自动化管理

随着经济的不断发展，科学技术日新月异，果品冷藏的自动化控制技术也应用得越来越多，构建现代化自动化冷库已是当务之急。其中，冷库自动化管理就是提高冷库技术含量的一个重要方面。冷库自动化管理包括制冷系统的自动化管理和业务流程的自动化管理。制冷系统的自动化管理系统可以自动检测冷库内温度变化并定时打印报表；可以根据库内温度变化自动控制压缩机、蒸发式冷凝器、空气冷却器等设备的启动和停止，来调节库内的温度，使其达到最适的贮藏温度；还可以自动检测制冷系统中各设备电机的运行电流及各压力信号并自动报警。业务流程的自动化管理包括签订租仓合同、出入库、质检、调仓、计件、结算、收款等。

在冷库的管理中，结合微机控制技术、变频控制技术及网络技术，融合冷库信息技术和仓库管理系统的应用，能够使冷库的管理实现自动化、精确化，提高冷库管理水平，是提高冷库竞争优势的必由之路。

## 第四节　气调贮藏

果品气调贮藏的发现可以追溯到 1916 年，英国剑桥大学的 Franklin Kidd 观察了 $CO_2$ 对种子呼吸的抑制作用。1918 年他参加食品研究所工作，与 Cyril West

合作，开始研究人工控制气体贮藏果实。1927 年，他们发表了关于苹果气调贮藏的经典报告，1929 年气调贮藏开始在商业上应用。之后，气调贮藏得到了普遍推广，并成为果品贮藏保鲜的重要手段。我国气调贮藏技术于 20 世纪 70 年代开始发展，此技术引进前我国主要以采用自然降氧的硅窗塑料帐（袋）自发气调贮藏为主，很少有真正意义上的气调贮藏。近年来，由于经济实力的空前提高和社会对果品保鲜技术的巨大需求，气调贮藏得到了迅速的发展。

## 一、气调贮藏的概念及原理

### （一）概念

气调贮藏是调节气体成分贮藏的简称，指以改变贮藏环境中的气体成分（通常是增加 $CO_2$ 浓度和降低 $O_2$ 浓度）来实现新鲜果品长期贮藏的一种方式。

### （二）原理

1. 抑制呼吸作用

适当降低氧气浓度或增加二氧化碳浓度都会降低石榴的呼吸作用强度，延缓其成熟衰老的进程。

2. 抑制酶的活性

与石榴成熟衰老相关的酶有多酚氧化酶（PPO）、过氧化物酶（POD）、过氧化氢酶（CAT）、超氧化物歧化酶（SOD）、脂氧合酶（LOX）以及与果胶分解密切相关的多聚半乳糖醛酸酶（PG）等。PPO、POD 与水果褐变密切相关，这两种酶催化酚类物质氧化成醌类物质，进一步反应生产褐色素。而 SOD、CAT 则作为自由基清除剂和过氧化物清除剂，可保护细胞膜不受损害，维持细胞结构的完整性。LOX 的作用比较复杂，一方面与水果风味物质的形成有关，另一方面又与膜脂过氧化有关。

气调贮藏能够降低 PPO、POD 等酶活性的影响，从而抑制果皮和果肉的褐变；抑制 LOX 活性，使脂质过氧化反应受到有效抑制，较好地维持细胞膜的完整性。相反，SOD、CAT 等酶则可在气调贮藏下保持相对较高的活性，维持较强的清除超氧自由基等活性氧的能力，从而延缓果实衰老变质，延长贮藏期。

3. 抑制微生物的生长繁殖

气调贮藏中低 $O_2$ 和高 $CO_2$ 以及低温环境能够抑制腐败微生物的生长繁殖。

## 二、气调贮藏的特点

### （一）保鲜效果好

气调贮藏的保鲜效果体现在能很好地保持新鲜石榴原有的品质。石榴经过长期气调贮藏后，仍能像刚采收时那样，保持原有的色、香、味、形、鲜。

气调贮藏的保鲜效果好是相对于常温贮藏或冷藏而言，气调贮藏的石榴，硬度变化比冷藏慢得多，石榴气调贮藏 5 个月硬度的变化值与冷藏 2 个月硬度的变化值相当；气调贮藏 7 ～ 8 个月的质量相当于冷藏 4 ～ 5 个月的质量。贮藏时间越长，两者的质量差别越大。与低温贮藏相比，气调贮藏能有效降低石榴发生冷害的概率。

### （二）贮藏损失小

气调贮藏与其他贮藏方法相比，不仅可减少石榴质量的损失，还可以减少重量和数量的损失。只要按照要求管理好气调贮藏的每个环节，贮藏损失率一般不会超过 1%。

### （三）保鲜期长

气调贮藏保鲜期长表现在以下两个方面。

1. 贮藏期长

达到同样保鲜效果的前提下，气调贮藏的贮藏期至少是冷藏的两倍。

2. 货架期长

货架期是指石榴结束贮藏转为销售经营，最终为消费者食用的商品流通期。气调贮藏的货架期长与果品贮藏中品质损失小，贮后有较强的抗环境因素变化能力有关。达到同样食用品质的前提下，气调贮藏的贮藏期至少是冷藏的两倍。

### （四）无污染

气调贮藏采用的是物理方法，石榴不用任何化学或生物制剂处理，不存在污染或毒性残留问题，卫生、安全、可靠。

### （五）良好的社会和经济效益

气体贮藏延长了石榴的保鲜期，从而能够较好地解决“旺季烂，淡季盼”的供需矛盾，社会效益好；提高了石榴的商品率和优质率，延长了保鲜期，在淡季，物以稀为贵，优质优价能够给贮藏及经营者带来明显的经济效益。

## 三、气调贮藏的方法

### （一）自发气调贮藏（塑料薄膜封闭气调法）

自发气调贮藏是指石榴在贮藏阶段利用自身的呼吸作用和包装材料的透气性能，在一定的温度条件下，自行调节密闭气体中的氧气和二氧化碳的含量，使之适合气调贮藏的要求。

在贮藏过程中，若氧气过少，石榴会进行无氧呼吸，衰老死亡加速。可利用塑料薄膜袋有一定透气性的特点，通过石榴呼吸降氧，通过薄膜的一定透气性增氧，使袋内氧气和二氧化碳维持一定的比例以进一步延长石榴的贮藏寿命，并保持较好的品质。

1. 薄膜袋密封贮藏

薄膜袋密封贮藏是将石榴装在塑料薄膜袋中（一般使用厚度为 0.02 ～ 0.08 mm 的聚乙烯薄膜），封闭后放置在库房中贮藏的一种简易气调贮藏方法。袋的规格、容量不一，大的有 20 ～ 30 kg，小的一般一袋不足 10 kg。石榴贮藏时也可采用单果包装。在贮藏中，经常出现袋内 $O_2$ 浓度过低而 $CO_2$ 浓度过高的情况，故应定期放风，即每隔一段时间将袋口打开，换入新鲜空气后再密封贮藏。

2. 塑料大帐密封贮藏

塑料大帐密封贮藏是通过在机械冷库内架设塑料大帐，将库内贮果垛罩入帐内，与外界空气隔绝，通过调节帐内气体组成比例来实现气调贮藏。塑料大帐结构包括帐底、支撑大帐的支架和塑料帐。大帐分别设充气口、抽气口和取气口。抽气口设在大帐的上侧，充气口设在大帐的下侧，取气口设在大帐的中、下侧，以便进行调气和检验帐内气体成分。大帐用 0.1 ～ 0.25 mm 厚的聚乙烯或聚氯乙烯塑料膜压制而成。抽气、充气、取气口可以做成方形或圆形长袖形，袖长 40 ～ 50 cm，能开能封，便于换气和测气，注意长袖及与大帐连接处要密封不能漏气。塑料大帐最好为长方体，帐内果垛与帐面要留有一定的空间便于空气流通。石榴用透气的包装容器盛装，码成垛，垛底先铺一层垫底薄膜，再在其上摆放垫木，使盛装石榴的容器架空。码好的垛用塑料帐罩住，帐子和垫底薄膜的四边互相重叠卷起，用重物压紧，使帐子密封。也可用活动贮藏架，在装架后整架封闭。要使器壁的凝结水不侵蚀石榴，应设法使封闭帐悬空，不使之紧贴产品。要排除帐顶部分的凝结水，可加衬吸水层，还可将帐顶做成屋脊形，以免凝结水滴到产品上。

大帐建好后，就形成了一个密闭系统，需对帐内气体进行调整，有三种方法：一是充氮法，先用抽气机将帐内空气部分抽出，而后充入氮气，反复数次，使帐内氧气达到适宜的浓度；二是配气法，先将帐内空气全部抽出，然后将事先配置好的氧气、二氧化碳和氮气的比例适宜的混合气体充入帐内；三是自然降氧法，大帐封闭后，可依靠石榴自身的呼吸作用，使帐内空气的氧气含量降低，二氧化碳含量上升，并通过开启上下换气袖口进行换气，使帐内氧气与二氧化碳达到适宜比例。大帐气调贮藏须配备氧气、二氧化碳检测仪，经常检测帐内气体变化，适时调整帐内气体的比例。

3. 硅橡胶窗气调贮藏

硅橡胶窗气调贮藏就是在聚乙烯或聚氯乙烯薄膜袋（帐）体上，镶嵌一定面积的高聚物硅橡胶膜，使之起到自动调节气体成分的作用。这种贮藏方式被称为硅橡胶窗气调贮藏。

硅橡胶是一种有机硅高分子聚合物，它是由有取代基的硅氧烷单体聚合而成，以硅氧键相联形成柔软易曲的长链，长链之间以弱电性松散地交联在一起。这种结构使硅橡胶具有特殊的透气性。第一，硅橡胶薄膜对 $CO_2$ 的渗透率是同厚度聚乙烯膜的 200 ～ 300 倍，是聚氯乙烯膜的 20 000 倍；第二，硅橡胶膜对气体具有选择性透性，对 $N_2$、$O_2$ 和 $CO_2$ 的透性比为 1 ：2 ：12。利用硅橡胶膜特有的性能，在用较厚的塑料薄膜做成的袋（帐）上嵌上一定面积的硅橡胶，就可以做成一个有气窗的包装袋（帐），袋内的石榴进行呼吸作用释放出的 $CO_2$ 透过气窗透出袋外，而所消耗掉的 $O_2$ 则由大气透过气窗进入袋内得到补充。由于硅橡胶具有较大的 $CO_2$ 与 $O_2$ 的透性比，且袋内 $CO_2$ 的进出量是与袋内的浓度成正相关的，所以贮藏一定时间之后，袋内的 $CO_2$ 和 $O_2$ 进出达到动态平衡，其含量就会自然调节到一定的范围。

自发气调贮藏成本低，操作简便，但达到气调工作状况所需时间长，气体浓度指标不易控制，会影响果品的贮藏效果。

**（二）人工气调贮藏（气调库）**

人工气调贮藏是指将果品密封在不透气的气调室（库）中，利用果品的呼吸作用，并用气调机械设备，将密闭系统中氧气和二氧化碳的含量人工调节到适宜的比例的贮藏方法。人工气调贮藏能够使氧气和二氧化碳的比例得到严格控制且可与贮藏温度密切配合，因此比自发气调贮藏先进，贮藏效果好。

人工气调贮藏主要是通过气调贮藏库来实现气体成分调节的。气调贮藏库的库房结构与冷库基本相同，但在气密性和围护结构强度方面要求更高，并且要易于取样和观察，能脱除有害气体和自动控制气体成分的浓度。

1. 气调库的特点

（1）气密性。这是气调库建筑结构区别于机械冷藏库的一个重要特点。机械冷藏库对于气密性没有要求，而气密性对于气调库来说至关重要。要想在石榴贮藏中长时间地维持所需要的气体组成，就要减少或避免库内外气体的交换，气调库必须有较严格的气密性。

（2）安全性。气调库在降温、回温及气调过程中，由于库内温度压力变化，围护结构两侧会产生压差，若压差不能及时消除或控制在一定范围内，就会导致库体损坏。既要保证库体的气密性，又要保证其安全性。

（3）单层建筑。一般机械冷库根据实际情况，可以建成单层或多层建筑物，而气调库几乎都建成单层地面建筑。原因是石榴在库内贮藏时，地面要承受很大的载荷，如果采用多层建筑，一方面气密性处理十分复杂，另一方面在气调库使用运行过程中气密层易遭到破坏。

（4）快进整出。这是气调库运行管理上的一大特点。石榴采收后，若延长入库时间，就会影响到贮藏效果。气调贮藏要求石榴入库速度快，尽快装满、封库和调气，让石榴在尽可能短的时间内进入气调贮藏状态。气调库不能像机械冷库那样随便进出货，如果库外空气随意进入气调间，不仅会破坏气调贮藏状态，还会加快气调门的磨损，影响气密性。

（5）高堆满装。这是气调库运行管理的又一大特点。除留出必要的检查通道外，石榴在库内应尽可能高堆满装，使库内剩余的空隙小，减少气体的处理量，加快气调的速度，缩短气调的时间，使气调状态尽早形成。

2. 气调库的结构

一座完整的气调库由库体、气调系统、制冷系统、加湿系统、控制系统、调压设备等构成。

（1）库体。一般情况下，气调库为单层建筑物。较大的气调库的建筑高度一般为 7 m，一般以 30 ～ 100 t 为一个开间。

气调库的库体一般分为砖混结构和板式结构两大类，前者造价低，适应范围广，使用年限长，但施工周期长，占地面积较大，尤其是后期气密保温工程量大，难度高；后者施工周期短，占地面积较小，后期气密保温工程量少，难度低，但造价较高。

由于气调贮藏是靠调节库内气体成分来对石榴进行贮藏保鲜的，所以气调库必须具有良好的气密性。如果库体气密性不好，库内就无法维持所要求的低氧、高二氧化碳的气调成分，也就无法达到气调贮藏保鲜的效果。对气调库气密性的测试广泛采用压力测试中的正压法，就是通过统计试验压力下降到起始压力的一半时间所需要的时间，即“半降压时间”来得到测试指标，之后与标准对比。要使气调库达到气密性要求，在施工时就需要增加一道气密层工序，并且具体操作时需注意一些细节问题。

另外，由于气调库是一种密闭式冷库，任何环境因素的改变都会对库体产生一定的影响，故气调库的安全性也是一个值得注意的因素，如库内外的温差会导致围护结构两侧形成气压差，若不将压力差及时消除或控制在一定的范围内，围护结构就会受到破坏。在气调库上设置平衡袋和安全阀可以缓解这种情况，当库内外压差大于 190 Pa 时，库内外的气体会发生交换，以使压力限制在所设计的安全范围内，防止库体结构被破坏。

①围护结构。围护结构主要由墙壁、地坪、天花板组成，气调库的围护结构的要求及使用同普通冷库基本一致。但由于气调库控制的因素较普通冷库控制的因素还多一项气体成分，且此项因素是气调贮藏的主要制约因素，故气调库围护结构因环境因素改变受到的作用力较冷库更大，即气体成分波动会对围护结构产生压力差应力，这种作用容易造成围护结构的膨胀和缩变，因而在气调库的围护结构选材及安全措施方面应当给予足够的重视。此外，气调库的围护结构还应具备一定的气密性，以保证库内气体成分的恒定。

②气密层设置。在气调库的围护结构上敷设气密层即可满足气调库对气密性的要求，一般选择隔气性能好、有一定的机械强度、无刺激味挥发、安全无毒、易于施工、固化后有弹性、长期不霉变的气密层材料。人们曾先后用钢板、铝合金板、铝箔沥青纤维板、胶合板、玻璃纤维、增强塑料及塑料薄膜、各种密封胶、橡皮泥、防水胶布等多种材料作为气调库的气密介质。

施工质量也会对气密性产生很大的影响。当库体内环境因素改变时，气密层也会受到波动，如果施工不当或黏结不好，气密层就有可能被剥落失去气密作用。经试验，选用密封胶、聚氨酯等专用密封材料现场施工获得了优良的气密效果，在生产实践中得到了普及。

对于砖混结构气调库，可以采用聚氨酯发泡塑料现场喷涂，厚度一般为 50 ～ 100 mm。施工前先在墙面上涂上一层聚氨酯防水涂膜，然后分层喷涂聚氨酯，每层厚度约 20 mm，最后在内表面涂刷密封胶；也可以在传统方法施工的冷库表面，用 0.1 mm 厚的波纹形铝箔，用沥青玛蹄脂铺贴作为气密层；或者在传统方法施工的冷库表面将 0.8 ～ 1.2 mm 厚的镀锌钢板焊成一个整体固定在内表面作为气密层。

对于已经预制成成品的板式结构，只要根据要求选择所需库板型号，拼装后处理好接缝，库体的保温和气密问题就能够同时得到解决。另外，要尽量避免在围护结构上穿孔、吊装、固定，不可避免时，可考虑集中处理以减少漏气的机会。

③地坪处理。对于地坪气密层，一般在隔热层上下分别设气密层，也有在地坪表面设气密层的。由于地坪不可避免地会发生沉降，地坪与墙板的交接处需要用有弹性的气密材料进行气密处理。

④门窗处理。除了库体的围护结构及气密层应具有良好的气密性之外，库门还应有良好的气密性和压紧装置。普通冷库门已不能满足气调库需要，必须选用专为气调库而设计的观察窗、气调门，要求密封良好、操作方便，气调门宜采用单扇平移门。

（2）气调系统。气调系统由许多气体成分的控制设备组成，主要包括制氮机、$CO_2$脱除机。制氮机是气调库进行充库降氧最基本的设备；$CO_2$脱除机是脱除石榴呼吸产生的过多$CO_2$，防止中毒的设备。另外还有$CO_2$发生器、臭氧发生器等。在建气调库时，选配制氮机、$CO_2$脱除机就能基本上满足控制$O_2$和$CO_2$浓度的要求。

制氮机可通过制$N_2$快速降低$O_2$浓度，2～4天即可将库内$O_2$降至预定指标，然后在石榴耗$O_2$和人工补$O_2$之间，建立起一个相对稳定的平衡系统，以达到控制库内$O_2$含量的目的。目前常用的制氮机主要有两大类，一类是碳分子筛制氮机，另一类为中空纤维制氮机。碳分子筛制氮机是采用吸附法分离空气中的$O_2$和$N_2$，以碳分子筛为吸附剂，吸附空气中的$O_2$。吸附剂饱和后，对吸附剂进行脱$O_2$再生。因此，装置中有两个吸收塔，一个用于吸附，另一个用于脱附，两塔交替运行获取氮气。中空纤维制氮机是利用特殊的有机聚合膜制成中空纤维管，混合气体通过管内时，不同的气体从管内向管外渗透的能力不一样，渗透能力强的（如$O_2$）很快透过管壁而聚集在管外，渗透能力差的（如$N_2$）则始终在管内流动。这样就可以将空气中的$O_2$和$N_2$分离而获取富氮。

$CO_2$脱除系统主要用于控制气调库中$CO_2$的含量。通常的$CO_2$脱除装置大体上有四种形式，即消石灰脱除装置、水清除装置、活性炭清除装置、硅橡胶膜清除装置。活性炭清除装置利用活性炭较强的吸附力，对$CO_2$进行吸附，待吸附饱和后鼓入新鲜空气，使活性炭脱吸附，恢复吸附性能，是当前气调贮藏库脱除$CO_2$普遍采用的装置。应根据贮藏果品的呼吸强度、气调贮藏库内气体自由空间体积、气调库的贮藏量、库内要求达到的$CO_2$气体的浓度确定$CO_2$脱除系统的工作能力。

（3）加湿系统。一般而言，石榴最适宜的贮藏湿度在90%～95%，而果品失水5%以上就意味着新鲜程度恶化。因此，贮存期间气调库内的相对湿度下降会引起果品失重、失鲜，从而降低其食用品质及商品价值。此时就应当加大气调库的相对湿度。目前气调库的加湿器主要有离心式加湿器和超声波加湿器。离心式加湿器的喷雾水滴为 5 ～ 10 μm，而且均匀，且维护简单，但水滴较大，有时会使果品表面沾水，从而使果品易发生腐烂；超声波加湿器利用振动子的高频率振动，将水以雾状喷出，水滴更微细，加湿效果很好，但维护较复杂且对水质要求较高。

（4）自动检测控制系统。气调库的控制系统是非常重要的，原则上果品进入气调库并封库后不允许工作人员随意进入库房进行观测，一切只有依赖于监测系统提供的数据，并反馈到控制设备中来执行下一个动作。气调库的检测控制系统主要是对气调贮藏库内的温度、湿度、$O_2$、$CO_2$ 进行实时监测和显示，以确定是否符合气调技术指标要求，并进行自动调节，使之处于最佳气调参数状态。在自动化程度较高的现代气调贮藏库中，一般采用自动检测控制设备，它由传感器、控制器、计算机及取样管、阀门等组成。整个系统由一台中央控制计算机实现远距离实时监控，既可获取各个分库内的温度、湿度、$O_2$、$CO_2$ 数据，显示运行曲线，自动打印记录和启动或关闭各系统，又能根据库内物料情况随时改变控制参数，使技术人员可以方便直观地获取各方面的信息。

（5）调压设备。气调贮藏库内气压常常会发生变化，正压、负压都有可能，如脱除 $CO_2$ 时，库内就会出现负压。要保障气调贮藏库的安全运行，保持库内压力的相对平衡，就应设置压力平衡装置。常见的压力平衡装置有两种形式：一是缓冲气囊，是一个具有伸缩功能的塑胶袋，通过管道与库房相通，当库内压力波动较小时（$< 98$ Pa），就通过气囊的膨胀和收缩平衡库内外的压力；二是压力平衡器，是采用水封栓装置来调压的，库内外压力差较大时（$> 98$ Pa），水封即自动鼓泡泄气（内泄或外泄），以保证库内外的压差在允许范围之内，使气调库得以安全运转。

人工气调贮藏设备先进、贮藏量大、贮藏期长、贮藏品种多，贮藏质量好，是当今最先进的果品贮藏技术之一。但是成本高，耗能大，操作复杂，一般适用于高附加值的果品的保鲜。

## 四、气调贮藏的管理

气调贮藏是一个复杂的过程，气体成分是控制贮藏工艺条件的最主要因素，但仅仅控制好气体成分还不足以保持好石榴的品质及商品价值。因此，也需要重视气调库内的温度和相对湿度，尤其要重视温度、相对湿度和气体成分三者之间的配合。一个条件的不适当会削弱另外两个条件的作用；而一个适当的条件和另外两个适当的条件相结合时会使作用加强。只有当三者的配合处于最适当的状态时，气调贮藏的效果才能体现出来。

气调贮藏的管理是一项非常细致的工作，操作中稍有不慎就会导致气调贮藏失效。

### （一）石榴入贮前

1. 入贮前石榴的预处理

石榴应当在适宜入贮的时候及时采收，采收后为了保证贮藏的质量，需要对石榴进行整理挑选，去除有机械伤和病虫害的石榴，而后及时进行贮藏。必要时，对石榴进行预冷，降低田间热，使石榴入贮后不至于因温差太大内部压力急剧下降，从而增大库房内外压力差而对库体造成伤害。

2. 入贮前气调库的清理

在石榴入贮前，应当充分清扫干净气调库，并进行消毒，以彻底杀除库内隐藏的各种病虫害和微生物。

### （二）贮藏期间

1. 温度

在气调贮藏过程的温度管理方面，维持恒定的低温是十分重要的。一般而言，为了防止果品发生冷害，气调库的库温可比冷库的库温稍高 1 ～ 2 ℃。另外，由于温度的波动会对贮品的品质产生不利影响，在管理中要尽量维持气调库内温度的稳定。

2. 相对湿度

气调库的相对湿度在 90% ～ 95% 为宜。气调库在贮藏期间一直保持密闭状态，且一般不需要通风换气，因此可以保持较高的相对湿度，这样就降低了湿度管理的难度。对于短期的高湿情况一般可用 CaO 进行吸收。

3. 气体成分

石榴进行气调贮藏时，一般 $O_2$ 浓度为 3% ～ 5%，$CO_2$ 浓度为 3% ～ 6%。

气体的调节方法可分为自然降氧法和人工降氧法两大类。

（1）自然降氧法。自然降氧法是指封闭后依靠石榴的呼吸作用，使氧浓度逐渐下降，二氧化碳浓度逐渐上升。主要包括放风法、调气法及充二氧化碳自然降氧法。

放风法是指每隔一段时间，当降至规定的低限或升到限定的高限时，就开启密闭体系，部分或全部换入新鲜空气，再重新封闭。

调气法是指在降氧期间，利用二氧化碳吸附剂除去超过指标的二氧化碳。氧气降至规定的指标后，就定期或连续输入新鲜空气，同时继续使用二氧化碳吸附剂，使两种气体稳定在规定的指标范围内。

充二氧化碳自然降氧法是指在封闭后充入适量的二氧化碳，而且仍使氧气自然下降，通过高二氧化碳克服氧气的不良影响。在降氧期间，不断吸掉部分二氧化碳，使氧气和二氧化碳平衡下降，两者都达到规定的指标。

（2）人工降氧法。又称快速降氧法，是人为地使密闭体系内的氧气迅速下降，升高二氧化碳的方法，此法没有降氧期。主要包括充氮法及气流法。

充氮法是指待气调库封闭后抽出容器内大部分空气，充入氮气，使氧气的浓度达到规定的指标，有时一并充入适量的二氧化碳，使氧气立即达到所要求的浓度。

气流法是指将事先按指标配制好的气体输入封闭体系，以替代其中的全部空气。在此后的整个贮藏期间，始终连续不断地排出部分内部气体和充入人工配制的气体，控制气流速度，使内部气体组成稳定在所要求的指标。

此法由于避免了降氧期的高氧气阶段，比自然降氧法进一步提高了石榴的贮藏效果，但成本会提高，并且设备和技术也更复杂。

贮藏环境中二氧化碳含量升高、氧含量降低时能抑制呼吸、延长贮藏期，但超过石榴的忍受限度后，就会产生低氧和高二氧化碳伤害，使石榴代谢失调，产生褐斑、褐心，有异味、易腐烂。在气调贮藏过程中利用环境中较低的氧气和较高的二氧化碳来延长贮存期时，要严格掌握氧和二氧化碳的含量，并要经常甚至每天检测贮藏环境中的气体成分，及时通风换气，以防止造成气体伤害。

### （三）其他管理

除了上述的管理环节之外，还需要经常对贮藏设备和石榴进行质量检查。贮藏设备的检查包括塑料袋（帐）、硅窗塑料袋（帐）和气调库等各类贮藏设备的气密性。

要定期取样检查贮品的质量变化，不仅要检查外观的状况，还要进行硬度、味道、成熟度和内部状况的测定或鉴定。检查的次数随着贮藏时间的延长不断增加。

另外，气调库内的氧气浓度低、二氧化碳浓度较高，因此工作人员在进入气调库时应有防护措施，以免发生窒息事故。

### （四）石榴出库

气调库的产品在出库前一天应解除气密状态，停止气调设备的运行。气调条件解除后，产品应在尽可能短的时间内一次出库。

出库期间库内仍应保持冷藏要求的低温高湿度条件，直至货物出库完毕才能停机。

移动气调库密封门交换库内外的空气，待氧含量回升到 18% ～ 20% 时，有关人员才能进库。

## 五、气调贮藏在石榴保鲜中的研究

翟金霞等对石榴的自发气调保鲜技术进行了研究，以云南蒙自石榴为试材，研究在 3 ℃ 条件下 0.01 mm 和 0.03 mm 厚度的 PE 保鲜袋自发气调包装保鲜石榴的最佳参数指标。结果表明，0.01 mm PE 保鲜袋保鲜石榴效果最佳，贮藏期达 120 天时，可溶性固形物含量、总酸含量、呼吸强度、褐变程度、失重率等指标均优于对照处理，较大程度地维持了石榴品质，方法简单实用，贮藏效果好。① 赵迎丽等以新疆大籽石榴为试材，就不同气体成分对采后石榴果皮褐变及贮藏效果的影响进行了研究。结果表明，5% $CO_2$+3% $O_2$、5% $CO_2$+5% $O_2$ 的气体条件下，果实褐变指数是对照组（0.03% $CO_2$，21% $O_2$）的 42.42%、45.47%，好果率也达到了 73.33%、74.42%。可见，适宜的气调贮藏参数可减缓果皮细胞膜透性的升高及膜脂质过氧化产物丙二醛的积累，抑制多酚氧化酶活性的升高，减少酚类物质的氧化。因此，石榴在气调贮藏参数为 5% $CO_2$、3% ～ 5% $O_2$ 时，可以保持良好品质。②

① 翟金霞，王伟，李喜宏，等．石榴自发气调保鲜技术研究 [J]. 食品科技，2013, 38(10): 43-45, 50.

② 赵迎丽，李建华，施俊凤，等．气调对石榴采后果皮褐变及贮藏品质的影响 [J]. 中国农学通报，2011, 27(23): 109-113.

# 第七章　石榴保鲜新技术

随着科学技术的发展及其在贮藏保鲜上的应用，各种新方法接连出现，对石榴贮藏保鲜技术的发展起到了推动作用。

## 第一节　涂膜保鲜技术

所谓涂膜处理，就是在石榴表面涂上一层高分子的液态膜，其干燥后成为一层很薄很均匀的膜，可以抑制石榴与空气的气体交换，起到单果气调的作用，从而抑制呼吸，减少营养物质的消耗，延缓后熟衰老；减少石榴的蒸发失水，保持果实的硬度和新鲜度，并能减少病原菌的侵染造成的腐烂；增加石榴的光亮度，改善外观。如果在涂料中加入防腐剂，防腐保鲜的效果就更为显著。

### 一、涂膜保鲜技术原理

#### （一）抑制呼吸强度

石榴表面的涂层的透气性一般较差，涂膜可以抑制石榴与空气的气体交换，能够抑制空气中的氧向石榴内扩散，也能够抑制涂层内二氧化碳的外溢，起到单果气调的作用，从而抑制呼吸，减少营养物质的消耗，延缓后熟衰老。

#### （二）抑制水分蒸发

石榴在流通过程中容易因蒸发及外界环境的影响而失水，失水超过 5% 后，其商品和食用价值就会大大降低。涂膜处理后，保护膜可以抑制石榴的蒸腾作用，从而减少水分的散失。

### （三）防止病原微生物侵染

涂膜可以抑制石榴表面已附着的菌种的繁殖，防止石榴因菌类感染而腐烂变质，同时，涂膜还能抵抗外面浮游和散落的病菌对石榴的二次感染。

## 二、涂膜剂

涂膜保鲜的关键是涂膜剂的选择，理想的涂膜剂的要求：混合容易，应用方便，有一定的黏度，易于成膜，能与产品表面紧密结合，被膜稳定；形成的膜均匀、连续，具有良好的保质保鲜作用，应有良好的透明度，并能提高果品的外观水平；无毒、无异味，没有损害产品质量的结构特征，与果品接触不产生对人体有害的物质；有一定的通透性，能够防止无氧呼吸导致二氧化碳中毒；能够抑制微生物侵染。

### （一）蛋白类涂膜剂

蛋白质本身就具有成膜性，所形成的蛋白质膜具有口感好、营养价值高、阻气性强等优点，但也存在着阻湿性弱的缺点。

大豆分离蛋白。大豆分离蛋白是一种高纯度的产品，蛋白质含量超过 90%，基本不含纤维素、抗营养因子等物质，具有较高的营养价值。大豆分离蛋白膜较之糖膜具有更好的阻隔性和机械性，由于阻湿性较弱，在实际应用中常与多糖类、脂类物质形成复合膜使用。

乳清蛋白。乳蛋白主要是由酪蛋白和乳清蛋白组成，其中乳清蛋白约占乳蛋白的 20%，可通过调 pH 值至 4.6，使酪蛋白沉淀分离而得。乳清蛋白具有良好的成膜性，可形成透明、有弹性的薄膜，近年可见到使用乳清蛋白作为膜材的应用研究。

玉米醇溶蛋白。玉米醇溶蛋白由于本身特殊的氨基酸组成和分子结构而具有良好的成膜性和独特的肠溶性，20 世纪 40 年代便得到了人们的重视，取得了一定的研究进展，后被用于制作食品保鲜膜。但是，由于玉米醇溶蛋白味道不好，加之价格昂贵，在一定程度上其商品应用很受限制。

除了上述几种蛋白膜外，人们还开展了谷蛋白粉蛋白膜、小麦面筋蛋白膜的研究。

### （二）多糖类涂膜剂

多糖类涂膜剂主要包括壳聚糖、魔芋葡甘聚糖、普鲁兰多糖、纤维素衍生物、海藻酸、淀粉等，都属于亲水性聚合物，阻湿性一般较差。但某些透湿性强的多糖涂层往往具有良好的成膜性及一定的黏性，且阻氧性较强。因此，这类涂膜剂可用于保护果品中的成分不被氧化。有的多糖类涂膜还具有较强的抑菌、杀菌功能。

壳聚糖。壳聚糖又称甲壳素、甲壳质，是一类由N–乙酰氨基葡萄糖通过β–1，4糖苷键连接起来的不分枝的链状高分子聚合物，为白色或灰白色，主要存在于甲壳类动物（虾、蟹等）的外骨骼中，通过酸法或酶法提取而得。目前，食品工业应用较为广泛的是N，O–羧甲基壳聚糖，其可溶于中性水中形成胶体溶液，具有良好的成膜性、保湿性，可生物降解，安全性高，抗菌性好，对许多植物病原菌或真菌都具有一定程度的直接抑制作用。壳聚糖还可诱导植物的结构抗病性，如可使植物细胞壁加厚或木质化程度加强，调节植物体内与抗病性有关的酶的活性变化，产生植保素、酚类化合物等抗病物质。因此，壳聚糖在果品保鲜上得到了广泛的应用。

魔芋葡甘聚糖。魔芋葡甘聚糖是从魔芋块茎中分离提取而得，是由D–吡喃甘露糖与D–吡喃葡萄糖通过β–1，4糖苷键连接而成的多糖，其水溶液黏度高、成膜性好，适合作为涂膜保鲜的膜材料。

普鲁兰多糖。普鲁兰多糖又名茁霉多糖、出芽短梗孢糖，是出芽短霉利用糖发酵产生的胞外多糖，其基本结构为葡萄糖经过2个α–1，4糖苷键连接成麦芽三糖，麦芽三糖再通过α–1，6糖苷键连接而成的多聚体茁霉多糖为无色、无味、无臭的高分子物质，具有无毒、安全、易溶于水、黏度低等性质，最令人瞩目的是茁霉多糖具有良好的成膜性，是理想的果蔬保鲜剂。

纤维素衍生物。纤维素经过化学改性可制成甲基纤维素（MC）、羟丙基甲基纤维素（HPMC）、羟丙基纤维素（HPC）和羧甲基纤维素（CMC）。由这类纤维素制得的纤维素膜具有强度合适、抗油脂、透明、无臭无味、可溶于水等特点，具有很好的成膜特性。因此，关于纤维素成膜性质及应用的研究越来越受到重视。

海藻酸。海藻酸是糖醛酸的多聚物，一般以钠盐形式存在，具有良好的成膜性能。海藻酸钠涂膜可减少果实中活性氧的生成，降低膜脂过氧化程度，保持细胞膜的完整性，并使果实保持较低的酶活性，从而抑制果实的代谢活动，达到保鲜效果。

淀粉。淀粉是成本最低、来源最广的一类多糖，但其成膜的光泽性较差、易老化而脆裂，这些性质限制了淀粉基涂膜的广泛应用。因此，以淀粉为基料的可食用膜还有待进一步研究。在以淀粉为成膜基质的涂膜材料中添加蛋白质、脂类等物质可使膜的品质得到改善，此外，添加天然抑菌剂、天然抗氧化剂、钙离子等生理活性物质而得到的复合涂膜配方也有较好的应用前景。

### （三）脂类涂膜剂

以脂类为基料的可食用膜应用的一般形式是以热熔态浸涂，或喷涂于果品表面，然后在室温下固化。但用脂类进行涂膜时，存在着很多需要解决的问题，如膜的厚度与均匀性难以控制、制膜时易产生裂纹或孔洞而降低阻水性能、易产生蜡质口感等。因此，20 世纪 90 年代以后，在可食用膜中脂质已很少单独使用，通常与蛋白质、多糖类组合成复合膜。

### （四）复合膜

复合膜是由不同配比的糖、脂肪、蛋白质 3 种物质经过一定的处理而形成的膜。多糖类物质提供了结构上的基本构造，蛋白质通过分子间的交叠使结构致密，而脂类则是一个良好的阻水剂。由于三者性质不同和功能上的互补性，所形成的膜有更为理想的性能。复合型可食用膜的研究和应用是当前的发展趋势。

## 三、涂膜保鲜技术的涂膜方法

涂膜方法大致可分为浸涂法、刷涂法和喷涂法三种。

浸涂法最简便，即将涂料配成适当浓度的溶液，将石榴浸入，蘸上一层薄薄的涂料后，取出晾干即成。

刷涂法即用细软毛刷蘸上涂料液，然后将石榴在刷子之间辗转擦刷，使果皮覆上一层薄薄的涂料膜。

喷涂法即当石榴由洗果机内送出干燥后，喷上一层均匀且很薄的涂料。

涂膜时应注意膜的厚薄和均匀适当，涂膜过厚会导致石榴的无氧呼吸，使石榴生理失调，产生异味，迅速衰老腐烂；涂膜太薄会导致保鲜能力差。一般涂膜厚度控制在 0.01 mm 左右，就能使石榴处于半封闭状态。

## 四、涂膜技术在石榴保藏中的研究

玛尔哈巴·吾斯曼等采用两种高分子化合物对石皮亚曼石榴和大籽甜石榴进行涂膜处理，贮藏于（1 ± 0.5）℃、相对湿度 85% ～ 90% 的冷库中。研究表明，涂膜处理可显著降低石榴果实腐烂率，抑制水分蒸发，减轻果实失重，延缓成熟衰老，保持果实品质。[①] 张润光等比较了壳聚糖、海藻酸钠和明胶三种涂膜保鲜剂的保藏效果，石榴在（5.0 ± 0.5）℃、相对湿度 90% ～ 95% 的条件下贮藏 120 天后，1% 壳聚糖溶液能有效保持石榴果粒可溶性固形物及可滴定酸含量，果皮

① 玛尔哈巴·吾斯曼，李学文，车凤斌，等．涂膜处理对新疆石榴贮藏品质及生理的影响 [J]. 新疆农业科学，2011, 48(6): 1033−1037.

相对电导率和褐变指数升高幅度较少，果实外观色泽鲜艳，内部籽粒感官品质良好，保鲜效果理想；而 1% 明胶和 1% 海藻酸钠溶液保藏效果较差。①CMC 具有可生物降解、材料来源广、生产成本低等优点，在果品保鲜领域的应用越来越广泛。张润光在（4.0 ± 0.5）℃ 条件下探究了不同 pH 值下 CMC 涂膜对石榴贮藏品质的影响，实验证实 pH 值为 4 时，CMC 溶液最能保持石榴品质。② 郭亚力等采用四种天然多糖涂膜剂对石榴的保鲜情况进行研究，以甜绿子、甜沙子、红观颜三个品种的石榴为研究对象，涂膜剂分别采用 2.5% 魔芋多糖、2.4% 琼脂、4.8% 假酸浆籽多糖、0.7% 西黄芪多糖。结果表明，用 0.7% 西黄芪多糖进行涂膜的效果最好，采用这一方法处理的果实在约 20 ℃ 的室温下贮藏一个月后，外观无失水皱缩现象，也无褐变，在果粒糖度、果粒酸度、果粒水分含量方面和新鲜石榴也较为接近（新鲜石榴的果粒糖度、果粒酸度、果粒水分含量分别约为 12.5%、pH=4.1、86%），石榴果实的商品价值基本不受影响。③ 董文明等对蜂胶 / 魔芋涂膜酸石榴保鲜技术进行了研究，以蜂胶（0.15%）、魔芋（0.40%）为主剂制成的多糖高分子复合保鲜液结合低温条件，对云南建水酸石榴进行涂膜处理后的呼吸强度、维生素 C、总糖含量、果面褐变指数等生理指标的影响。结果表明，蜂胶 / 魔芋复合涂膜液结合低温处理对建水酸石榴的保鲜效果较好，有效地抑制了云南建水酸石榴的呼吸作用，减少了营养成分和水分的损失，可有效延长期货架期和保持其最佳食用品质。④

张润光等研究了复合保鲜剂涂膜对石榴果实采后生理、贮藏品质及贮期病害的影响，通过实验摸索出复合保鲜剂的最佳配方为壳寡糖 0.2 g、那他霉素 0.02 g、葡萄糖酸 – δ – 内酯 0.08 g、柠檬酸 3 g、抗坏血酸 2 g、六偏磷酸钠 0.1 g、酪蛋白酸钠 0.6 g，各组分混合后加蒸馏水配制成浓度为 160 mg/L 的保鲜剂。石榴果实采后在温度（5.0 ± 0.5）℃下预冷 3 天，然后放入上述保鲜剂中浸渍 10 ～ 20 s，取出自然晾干，单果套塑料袋包装，置于温度（1.0 ± 0.5）℃、相对湿度 90% ～ 95% 条件下贮藏。结果表明，复合保鲜剂涂膜处理能够降低石榴果实呼吸速率，减缓果皮褐变指数和使相对电导率升高，抑制果皮 PPO、POD 活

---

① 张润光，张有林，张志国．三种涂膜保鲜剂对石榴果实贮期品质的影响 [J]. 食品工业科技，2008, 29(1): 261−264.

② 张润光，张有林，田呈瑞，等．不同 pH 值 CMC 涂膜对石榴果实采后生理指标及贮藏品质的影响 [J]. 食品与发酵工业，2011, 37(7): 225−229.

③ 郭亚力，张丽，郭俊明，等．四种天然多糖涂膜剂石榴保鲜研究 [J]. 食品科技，2005(8): 85−87.

④ 董文明，焦凌梅，董坤．蜂胶 / 魔芋涂膜酸石榴保鲜技术研究 [J]. 食品科技，2006(12): 154−157.

性，保持果皮 CAT、SOD 较高活性，有效地维持籽粒的可溶性固形物含量、可滴定酸含量、总糖含量和果实硬度，降低果实腐烂指数和失重率，提高商品果率，保持良好的感官品质。①

引起石榴贮期主要病害的病原菌为葡萄核盘菌属的富氏葡萄核盘菌和青霉属的小刺青霉；复合保鲜剂抑制病原菌生长作用明显。贮藏期可达 160 天，褐变指数 0.21，腐烂指数 0.16，商品果率 90.2%，贮后果皮色泽鲜艳，籽粒晶莹饱满，感官品质优良，保鲜效果好。目前，常见的能保持石榴贮藏品质的涂膜保鲜剂还有茉莉酸甲酯或水杨酸甲酯、草酸、水杨酸、腐胺和巴西棕榈蜡。

## 第二节　减压保鲜技术

现代果蔬保鲜技术萌发于 19 世纪，至今已经历了三次革命。第一次革命是机械式冷藏库的出现，进入 20 世纪后，许多工业化国家已广泛用其贮藏苹果、梨、橘子等果品；第二次革命是气调贮藏的出现；第三次革命是减压贮藏的出现。减压保鲜又称低压保鲜、负气压保鲜和真空保鲜，是在普通冷藏和气调贮藏技术的基础上进一步发展起来的以降低贮藏环境大气压力为特点的一种特殊的气调保鲜方法，它被称为 21 世纪的保鲜技术。由于其原理和技术上的先进性，用其保鲜的果品的保鲜效果比单纯冷藏和气调贮藏有明显提高。

### 一、减压保鲜技术的原理

减压保鲜是集真空冷却、气调贮藏、低温保藏和减压技术于一体的贮藏方法。

减压保鲜技术原理是在普通冷藏的技术上引入减压技术，并在冷藏期间保持恒定的低压、低温。按贮藏中的温度变化可分为减压冷却和低压贮藏两个阶段。果品先在减压低温条件下冷却，在这一过程中，果品通过水分蒸发与环境进行热、湿交换，温度迅速降低；在后一阶段中，果品与环境的温度、湿度达到平衡后，就以一个低压、低温的环境贮藏果品。

① 张润光，田呈瑞，张有林．复合保鲜剂涂膜对石榴果实采后生理、贮藏品质及贮期病害的影响 [J]. 中国农业科学，2016, 49(6): 1173−1186.

降低气压后，空气的各种气体组分的分压都相应降低。例如，气压降至正常的 1/10，空气中的氧、二氧化碳、乙烯等的分压也都降至原来的 1/10。这时，空气各组分的相对比例并未改变，但它们的绝对含量降为原来的 1/10 后，氧的含量只相当于正常气压下的 2.1% 了。所以减压贮藏也能创造一个低氧条件，从而起到类似气调贮藏的作用。减压处理能促进石榴组织内气体向外扩散，这是减压贮藏更重要的作用。石榴组织内气体向外扩散的速度与该气体在组织内外的分压差及扩散系数成正比，扩散系数又与外部的压力成反比。所以减压处理能够大大加速组织内乙烯向外扩散，减少内源乙烯的量。在减压条件下石榴组织中其他种种挥发性代谢产物如乙醛、乙醇、芳香物质等也都加速向外扩散。这些作用对防止果品组织成熟衰老都是极其有利的，并且一般气压越低作用越明显。减压贮藏不仅可以延缓完熟，还可以防止组织软化、减轻冷害和一些贮藏生理病害。一些果品的冷害与组织在冷害温度下积累乙醛、乙醇等有毒挥发物有关，减压贮藏可从组织中排除这些物质，所以可以减轻冷害。经减压贮藏的果品，在解除低压后，完熟过程仍缓慢得多，因此零售期得以延长。

低温有降低石榴的呼吸作用，能够推迟后熟，降低水分蒸发；低温还能够抑止微生物的生存、发育和繁殖，降低酶的活性，阻止寄生虫的繁殖甚至使之死亡。

## 二、减压保鲜技术的特点

### （一）优点

#### 1. 迅速冷却

普通恒温库和气调库都没有快速冷却的功能，需要配备预冷设施，否则，入库的果品需要几十个小时甚至几天才能达到适宜的低温。减压贮藏库因为能够创造较低的气压环境，降低水分汽化的条件，所以整库的产品只需 20 min 就能冷却到预定温度，从一开始就奠定了良好的保鲜基础。

#### 2. 快速降氧，随时净化

降氧速度快，且只要压力不变，低氧的浓度就能保持稳定。减压保鲜由于能够随时净化有害气体，所以最大限度地保障了产品的生理健康。

#### 3. 高效杀菌，消除残留

工业化减压舱贮藏中，应用臭氧进行常压杀菌和减压杀菌两次杀菌，消除公害残留被认为是较为理想的措施。臭氧是广谱、高效杀菌剂，对食品无害，不产生残留污染，在减压状态下使用臭氧，可对潜入皮层内的微生物和内吸农药残留起作用，达到彻底消毒的目的，其方法简单、成本低廉、效果良好。

4. 从根本上消除二氧化碳中毒的可能性

减压条件下内源乙烯已极度减少，不再需要维持高浓度的二氧化碳来阻止乙烯的活动，减压易使产品组织内部的二氧化碳分压远低于正常空气中的水平，形成一个低二氧化碳的贮藏环境。

5. 可以减轻冷害

冷害与冷害温度下组织中乙醛、乙醇等有毒挥发性物质积累有关，由于减压贮藏可以从组织中排出这些物质，所以经过减压贮藏的果品的冷害可以减轻。

### （二）缺点

1. 容易失水

减压贮藏保鲜环境的气压低，水分容易挥发，时间长可造成石榴严重失水，因此必须使贮藏环境保持很高的空气湿度，一般需要在 95% 以上。而湿度很高又会加重微生物病害。所以减压贮藏最好配合应用消毒防腐剂。

2. 减压容器造价高

减压保鲜的贮藏容器需承受真空的压力，因而对容器的结构强度要求较高，并且当采用碳钢等非不锈钢材料制作容器时，还需要对容器的内外壁进行防锈处理，内壁更需要使用食品级涂层材料，因此其造价较制作常规冷藏库高。

3. 一次性投资高

减压库除了与常规冷库一样需配套制冷系统外，还需添置抽真空系统、换气和加湿系统、专门设计的电控系统，一次性投资高。

4. 果品香味弱

经减压保鲜的果品的香味很弱，但放置一段时间后可以有所恢复。

## 三、减压处理的方式

减压处理基本上有两种方式：定期抽气式（静止式）和连续抽气式（气流式）。

定期抽气式（静止式）是从减压室内抽气，达到所要求的真空度后即停止抽气，然后，适时补充空气并适当抽空，以维持规定的低压。这种方式虽可促进石榴内部的挥发性成分向外扩散，却不能使这些物质不间断地排到减压室外。

连续抽气式（气流式）是把减压室抽空到要求的低压，新鲜空气经过加湿器提高相对湿度（85% ～ 100%）后，再经压力调节器输入减压室。整个系统不间断地连续运转，即等量地不断抽气和输入空气，保持压力恒定。所以产品始终处于恒定的低压、低温和湿润新鲜的气体之中。

减压贮藏库主要由耐压库、真空泵、加湿器和控制板等部分组成。耐压库是容纳和贮藏果品的部位，体壁除了具有隔热性、气密性外，还应具有耐压性。库体常使用金属板壁材，内有科学设计的支撑钢架，设有保温耐压门，一般要求库体能承受 10 t/m$^2$ 的压力。真空泵可抽出真空容器的空气，形成真空，从而达到降低氧气、加速石榴组织内部挥发性有害气体向外扩散、延长贮藏期的效果。为了防止潮湿对真空泵的破坏作用，多采用水循环式真空泵。加湿器经常定时或连续加湿，保持产品新鲜度。

### 四、减压保鲜技术在石榴保鲜上的研究

张润光等研究不同的减压处理对陕西临潼“净皮甜”石榴采后某些生理指标及贮藏品质的影响。在 4 ℃、压力 50.7 kPa 和相对湿度 90% ～ 95% 下贮藏石榴，能够较好地保持其内部籽粒可溶性固形物含量、可滴定酸含量和维生素 C 的含量，有效降低果实的呼吸速率，减缓果皮相对电导率水平和褐变指数的升高，抑制果皮多酚氧化酶和抗坏血酸氧化酶活性，保持果皮过氧化氢酶活性相对较高的水平，减少果实失重率和腐烂率，贮藏 120 天后果实仍色泽鲜艳，籽粒品质良好。①

## 第三节　臭氧保鲜技术

臭氧是一种具有特殊气味的不稳定气体。由于臭氧具有很强的氧化能力，并且在空气和水中会逐渐分解成氧气，无任何残留，所以被广泛地应用于果品保鲜领域。

① 张润光，张有林，田呈瑞，等．减压处理对石榴采后某些生理指标及果实品质的影响 [J]. 陕西师范大学学报（自然科学版），2012, 40(4): 94-97, 103.

## 一、臭氧的特性及产生

臭氧是氧气的同素异形体，常温常压下，较低浓度的臭氧为无色气体。液体臭氧为深蓝色，相对密度 1.71（–183 ℃），沸点 –112 ℃；固体臭氧呈紫黑色，熔点 –251 ℃。在标准压力和温度下，其溶解度比氧气大 13 倍。臭氧不稳定，在大气中半衰期为 50 min（常温），在蒸馏水中的半衰期为 20 min（20 ℃），在含杂质的水溶液中可迅速分解。臭氧化学性质活泼，常温下缓慢分解，高温下迅速分解成氧气，是一种强氧化剂。臭氧在水中的氧化还原电位为 2.07 V，仅次于氟，具有很强的消毒、杀菌能力。臭氧水对各种致病微生物均有很强的灭菌作用。

光波中的紫外光会使氧分子分解并聚合为臭氧，大气上空的臭氧层即是由此产生的。人工生产臭氧的方法按原理可分为光化学法、电化学法和电晕放电法三种。

### （一）光化学法

光化学法即为产生出波长 185 nm 的紫外光谱，这种光最容易被氧吸收而达到产生臭氧的效果。

### （二）电化学法

电化学法是利用直流电源电解含氧电解质产生臭氧的方法。20 世纪 80 年代以前，电解液多为水内添加盐类电解质，臭氧产量低。后来由于人们在电解材料、电解液与电解机理方面进行了大量深入研究，生产技术取得了很大进步，现在已经能够利用纯水电解得到高浓度臭氧。

### （三）电晕放电法

电晕放电法是模仿自然界雷电产生臭氧的方法，通过人为的交变高压电场在气体中产生电晕，电晕中的自由高能电子电解氧分子，经碰撞聚合为臭氧分子。电晕放电型臭氧发生器是目前应用最广泛、相对能耗较低、单机臭氧产量最高、市场占有率最大的臭氧发生装置。

## 二、臭氧的保鲜原理

### （一）抑制呼吸强度，减少养分消耗

臭氧的产生一般都伴有负离子的产生，两者共同作用时，果实新陈代谢的活性会明显下降，水分散失和营养物质的消耗减少，果品的新鲜度和风味得以保持。

### （二）降解消除乙烯等有害气体，形成霉菌等微生物抑制剂

臭氧是强氧化剂，可降解果品表面的有机氧、有机磷等农药残留。在贮藏库内，臭氧可消除果品呼吸所释放出的乙烯、乙醛、乙醇等有害气体，从而抑制果实的呼吸作用；臭氧与乙烯发生化学反应过程中的中间氧化物还是霉菌等微生物的有效抑制剂。

### （三）抑制杀灭病菌，防治腐烂生霉

臭氧对绿霉菌、芽孢、青霉菌、杆菌以及黑色蒂腐病、软腐病等的根除效果显著。

## 三、臭氧的应用原则

将臭氧应用于果品保鲜，要遵循以下原则。

一是在时间允许的情况下，应尽量选择较低的浓度，但若低于 $0.1 \times 10^{-6}$ 的浓度，则对微生物没有杀灭作用。

二是臭氧密度比空气大，要使臭氧扩散均匀，臭氧保鲜机就应安装在贮藏库上方。果品的堆码要有利于与臭氧接触与扩散。

三是应用臭氧的环境相对湿度应在 60% 以上，低于 45% 时，臭氧对空气中的微生物几乎没有杀菌作用。湿度越大杀菌效果越好。

四是操作人员应避免长时间与臭氧接触，但短时间接触臭氧不会对人体造成伤害。臭氧发生器工作时，人员应离开房间并关闭门窗；需进入库房时，臭氧发生器关机 30 min 后才能进入。

## 四、影响臭氧处理效果的因素

### （一）温度

用臭氧处理果品，温度低则杀菌效果好。贮藏温度低于 10 ℃ 时，臭氧杀菌能力较强；而高于 10 ℃ 时，臭氧杀菌能力明显降低。因为在高温条件下，臭氧易分解成氧气，有效氧浓度降低，灭菌效果明显下降，所以当贮藏温度较高时，臭氧处理果品所需要的时间应相对延长。

### （二）湿度

臭氧的杀菌能力在空气中比水中明显减弱，因此采用臭氧气体保鲜处理需要在较高的相对湿度贮藏环境中进行。试验结果表明，环境相对湿度小于 45% 时，

臭氧对空气中的悬浮病菌几乎没有杀灭性；在同样温度下，相对湿度超过 60% 时，灭菌效果增强，相对湿度达到 90% 以上时，灭菌效果最佳。大量研究表明，臭氧对果品进行保鲜处理的最佳湿度是 90% ～ 95%。

#### （三）贮藏方法

由于臭氧只在果品表面发生作用，所以贮藏室内存放的果品之间必须留有一定的间隙，使臭氧充分发挥作用。利于臭氧保鲜的贮藏方法有架藏法、装筐“品”字形堆藏法等，且宜在通风库、冷库中的塑料帐内进行。

### 五、臭氧在石榴保鲜中的研究

姚昕等对采用 ε－聚赖氨酸和臭氧处理对石榴果实贮藏品质影响的多变量进行了分析，ε－聚赖氨酸和臭氧处理与对照相比，可以较好地保持石榴果实的品质，主要通过抑制其腐烂失水而进一步延缓果实硬度、籽粒总酸含量、色泽等指标的劣变，且以两者复合处理效果最佳。①

## 第四节　辐照保鲜技术

辐照保鲜技术是利用辐射对物质产生的各种效应来达到保鲜，辐照包括常见的 X 射线、γ 射线等，一般是通过以这些射线辐照果实体细胞结构，杀灭微生物、昆虫，使果品发生一系列的物理、化学和生物化学效应，从而抑制它们的新陈代谢和生长发育，达到延缓果品衰老的目的。

### 一、辐照保鲜技术的机理

辐照保鲜的基本原理是利用射线对果品的辐射生物学效应和辐射化学效应，杀灭寄生害虫、腐败微生物和病原微生物，实现杀虫灭菌，抑制果品的生理代谢，延缓果品的生理过程，从而达到安全保藏和保证食品卫生安全的目的。

---

① 姚昕，秦文．ε－聚赖氨酸和臭氧处理对石榴果实贮藏品质影响的多变量分析 [J]. 食品与发酵工业，2017, 43(8): 254−261.

### 二、辐照保鲜技术的特点

辐照保鲜技术有如下特点：杀菌效果好，并可通过调整辐射剂量满足各类食品的要求；射线能快速、均匀、较深地透过物体；相比于热处理杀菌，辐照过程较易得到精确的控制；几乎不产生热效应，可最大限度地保持果品原有特性；没有非食品的成分残留，从而能够减少环境污染和提高食品的卫生质量；可对包装、捆扎好的果品进行杀菌处理；节省能源。

### 三、辐照技术在石榴保鲜中的研究

杨雪梅等以“泰山三白甜”石榴成熟果实为试材，分别用频率为 2 450 MHz 的微波处理 10 s 和功率为 30 W 紫外灯照射 15 min 后装入保鲜袋，于（4 ± 0.5）℃ 冷藏保鲜 15 天，比较两种处理方式对鲜切石榴籽粒品质及抗氧化活性的影响。结果表明：紫外照射能降低石榴籽粒冷藏过程中的质量损失率、腐烂率及相对电导率，延缓总可滴定酸含量的骤变期，使籽粒中各种有机酸及维生素 C 含量维持在较稳定的水平；而微波处理增大了石榴籽粒冷藏中后期的质量损失率、腐烂率、相对电导率及乳酸含量。两种处理对鲜切石榴籽粒冷藏过程中柠檬酸含量的变化均无显著影响，对冷藏初期（3 ～ 6 天）1，1– 二苯基 –2– 三硝基苯肼自由基清除率的保持有一定作用，抗氧化活性均较对照高，但对冷藏后期抗氧化活性的保持效果不显著。因此“泰山三白甜”石榴鲜切籽粒（4 ± 0.5）℃ 最佳保鲜期为 6 天，紫外照射处理保鲜效果优于对照和微波处理。①

## 第五节　化学保鲜技术

化学保鲜是通过将化学药剂涂抹或喷施在果品表面，或将化学药剂置于果品贮藏室中，达到杀死或抑制果品表面、内部和环境中的微生物，以及调节环境中气体成分的目的，从而实现果品的保鲜。相对于冷藏、气调、辐射处理和生物技术等方法，化学保鲜方法具有明显的优势。

① 杨雪梅，冯立娟，尹燕雷，等．紫外及微波处理对鲜切石榴籽粒保鲜品质的影响 [J]. 食品科学，2016, 37(8): 260−265.

## 一、化学保鲜技术的优点

化学保鲜技术主要有如下优点。

设备投资小。化学保鲜方法是在石榴已有的采收、分拣和包装系统的基础上实施的，基本不需要额外的设备和投资，可以节省大量的一次性投入，适合推广。

节能降耗。低温和气调等贮藏保鲜技术都是以低温冷库为基础的，运行过程中要耗费大量的能源，而化学保鲜方法基本不需要能源消耗。

成本低。使用化学保鲜剂进行保鲜时只需很小的剂量，因而使用成本很低。

简便易行。化学保鲜方法操作简便易学，无论是在喷施处理期间，还是在保鲜期内，对环境的要求都不严格，所以易于推广应用，特别是对于分散的小规模经营的石榴产地，化学保鲜更能充分体现出其优越性。

除了上述几点，化学保鲜技术还具有开发相对简便、快速，推广前景广泛，非常适合现场作业的优点，所以得到了普遍的认可，逐渐成为石榴保鲜的一条重要途径。

## 二、化学保鲜技术在石榴保鲜中的应用

目前，化学保鲜剂常用的包括噻菌灵、多菌灵、克菌丹、噻苯咪唑、甲基托布津等。采用噻菌灵、甲基托布津和多菌灵 1 000 倍稀释液浸果 60 s 可以显著降低果实腐烂率，3 种化学杀菌剂处理之间无显著差异。用 50% 多菌灵 1 000 倍液或 45% 噻菌灵悬浮剂 800 ～ 1 000 液，浸果 3 ～ 5 min，晾干后贮存，也可起到保鲜效果。贮量大时可用喷药的办法把上述药剂喷到果面上，晾干后贮存。

周锐等将蒙自甜石榴经多菌灵处理后，用保鲜袋包装，在 2 ℃ 条件下进行贮藏，可以明显地延长贮藏时间，贮期约 3 个月时仍可以保证品质质量；但贮至 4 个月时，虽然外观变化不明显，内部变化却很大，甚至出现酒味。① 殷瑞贞等将石榴经 400 mh/L 的 2，4-D 钠盐 +800 倍多菌灵浸果处理 1 min，晾干后用塑料袋包装（单果或双果），3 ℃～ 5 ℃ 贮藏 3 个月，失重率为 7% ～ 8%，果面完好，商品价值保持良好。② 付娟妮等用 70% 甲基托布津可湿性粉剂 2000 倍液对“净皮甜”石榴进行采前处理，果实籽粒可溶性固体含量和可滴定酸含量变化

① 周锐，李剑伟，张有顺．蒙自甜石榴保鲜技术初探 [J]. 保鲜与加工，2004(5): 32.

② 殷瑞贞，崔璞玉．优质鲜石榴贮藏试验 [J]. 河北果树，2004(1): 13.

小，失重率较低，防腐效果显著。[①]

1-MCP 为近年来发现的一种乙烯竞争性抑制剂，具有无毒、无异味、使用成本低等优点，它能不可逆地作用于乙烯受体，阻断乙烯与受体的正常结合，从而达到延缓果实成熟、衰老的目的。石榴为非呼吸跃变型果实，尽管这类果实成熟时乙烯没有增加，但乙烯也参与调节与果实成熟有关的生理变化，呼吸跃变型与非呼吸跃变型的果实组织中调控乙烯的信号成分之间有很大的同源性。张立华研究表明，1-MCP 对大红袍石榴虎皮病控制效果显著。[②] 郭彩琴等对陕西临潼净皮甜石榴采后用不同浓度（0.25、0.5、1.0、1.5 μL/L）1-MCP 处理后于 4 ℃冷藏，定期测定部分采后生理指标并统计果实的腐烂情况。结果表明，1-MCP 处理能维持果实相对较高水平的有机酸含量、出汁率和花青苷含量，抑制了石榴果皮相对电导率的上升速率，降低了石榴的乙烯释放速率，从而延缓果实的衰老，有效降低了冷藏期和货架期石榴的腐烂率与腐烂指数，在 0.25 ～ 1.5 μL/L 的 1-MCP 浓度范围内，处理浓度越低，果实品质和保鲜效果越好。[③]

值得注意的是，化学保鲜常存在着药物残留等问题，有可能会危害身体健康。应参照《绿色食品农药使用准则》及《农药合理使用准则》执行。

在石榴涂膜保鲜时，除添加化学药物，还可添加有生物活性且绿色无毒的成分，使涂膜具有一定的功能，从而更好地维持果品的质地、水分、重量、颜色、风味等感官指标，增加产品的营养价值，抑制微生物的生长，提高可食用膜的成膜性、透气性、保水性和光泽性等，延长果品的货架期。常用的添加剂包括抗菌剂、营养素、抗褐变剂、调味剂、表面活性剂、塑形剂、着色剂和乳化剂等。

---

① 付娟妮．石榴腐烂病害综合防治技术研究及病原菌的分离鉴定 [D]. 咸阳：西北农林科技大学，2005.

② 张立华．石榴果皮褐变的生理基础及控制的研究 [D]. 泰安：山东农业大学，2006.

③ 郭彩琴，惠伟，王晶，等．1-MCP 对净皮甜石榴的冷藏保鲜效果 [J]. 食品工业科技，2012, 33(3): 348-351, 383.

# 第六节　热处理保鲜技术

热处理技术是一种物理保鲜辅助方法，具有杀虫、杀菌、保鲜和无化学残留的优点，在人们更加注重身体健康、崇尚绿色食品的今天，具有广阔的应用前景。

## 一、热处理的保鲜机理

热处理就是在适宜的温度条件（一般在 35 ℃～ 50 ℃）下处理采后果品，以杀死或抑制病原菌的活动，改变酶活性，从而达到贮藏保鲜的效果的方法。热处理能有效地抑制乙烯释放，钝化某些衰老的酶活性，并且能有效清除细胞内的活性氧，延缓石榴成熟和衰老，提高果实抗性，明显降低果实腐烂指数，是延长石榴贮藏寿命的一种有效的物理方法。

植物的耐热性是可以诱导的。耐热性的诱导与生物体接近 40 ℃ 时的基因表达的变化有关。热处理期间，果实成熟基因的 mRNA 消失，而热激蛋白则不断积累。所谓热激蛋白是指植物组织受到高温胁迫（热激）时新合成的蛋白质。耐热性的诱导与热激蛋白的合成有关，耐热性的发展必须依靠蛋白质的合成。耐热性的诱导主要由温度调节。

## 二、热处理的方法

### （一）传统方法

目前热处理主要有热水、热蒸汽、强力热风和远红外线及微波处理等，通常热是通过空气或水传送到果品。空气中的含水量会影响热传导，在同等温度下，加热的湿空气比干燥空气能更有效地杀死病原菌，有效防腐。热处理的温度常常接近于会损伤果品的水平，所以热处理时要经常测定温度，必须小心地控制温度，确保不伤害果品，热处理不当会造成果品失水、变色、受损伤以及易受病原菌再次侵染等问题。研究发现，任何一种热处理方法单独使用时都难取得令人满意的保鲜效果，因此目前热处理总是同其他的保鲜技术相结合使用。

### （二）热处理和钙处理相结合

许多研究表明，增加果实内钙含量对果实采后呼吸、乙烯释放和生理病害等方面都有明显的抑制作用。热处理对提高果实采后品质和延长果实贮藏时间也有作用。在一定条件下，热处理与钙处理结合使用的效果常比单用热处理或钙处理的效果更好。

### （三）热化学处理

热水加杀菌剂或热处理后再进行杀菌剂处理简称热化学处理。这不仅可减少用药量，提高防腐效果，还可缩短热处理时间，降低热处理的温度，避免产生热伤害，减少水分损失，同时能够减少药物污染。

### （四）热处理和辐射技术相结合

热处理结合辐射技术可以减少控制病原菌所需的辐射量，提高效果，减少损伤。加热和辐照之间的间隔时间的长短会影响协作效果，通常是热水处理后 24 h 内进行辐照为最佳。

### （五）热处理和气调贮藏相结合

热处理后或热化学处理后，可以进行低温气调贮藏以达到更好的贮藏效果。

## 三、热处理在石榴保鲜上的研究

王琼等以石榴为试材，采用热处理法，研究了不同处理条件对保鲜期间鲜切石榴籽粒贮藏品质、抗氧化能力及微生物变化的影响。结果表明：对鲜切石榴籽粒进行 40 ℃、10 min，45 ℃、6 min，50 ℃、4 min 的热处理，其中 50 ℃、4 min 的热处理能够提高石榴籽粒可溶性固形物含量，减轻石榴籽粒贮藏期间的质量损失，提高石榴籽粒的抗氧化活性，抑制霉菌酵母的生长繁殖，使得石榴籽粒保持较好的感官品质，延缓石榴籽粒的衰老进程。①

樊爱萍等探讨了热水处理对石榴采后常温贮藏期间主要生理和品质变化的影响，石榴经过 38 ℃、45 ℃、50 ℃，5 min、10 min、15 min 处理，结果表明，38 ℃、15 min 热水处理可有效提高好果率，降低失重率，较好地抑制石榴采后呼吸强度、质膜相对透性，降低过氧化物酶活性，提高苯丙氨酸解氨酶活性。实验证明，热处理能有效减缓石榴品质的下降，延缓石榴采后衰老速度，有利于延

① 王琼，初丽君，王敏，等．热水处理对鲜切石榴籽粒贮藏品质、抗氧化能力及微生物变化的影响 [J]. 北方园艺，2016(1): 106-110.

长贮藏期限和保持石榴原有的风味品质。①

张姣姣等将石榴经 38 ℃ 热空气和茉莉酸甲酯单独及协同处理后，在 3 ℃ 条件下分别贮藏 20、40、60、80 天后取出，在 20 ℃条件下放置 3 天后，分别测定石榴相关冷害参数和品质指标，以研究热处理及茉莉酸甲酯处理对石榴冷害及果实品质的影响。结果表明：热空气处理显著抑制了石榴果皮褐变，但相比茉莉酸甲酯处理，果皮丙二醛含量、细胞膜透性、可溶性蛋白含量及籽粒营养品质变化较大，这种副作用可通过协同茉莉酸甲酯处理缓解；热空气和茉莉酸甲酯协同处理显著抑制了石榴的冷害症状，并较好地保持石榴品质，贮藏 80 天并在 20 ℃条件下放置 3 天后，果皮褐变指数仅为 0.036，丙二醛含量 11.04 μmol/g，细胞膜透性 21.05%，可溶性蛋白含量 0.58 mg/g，可溶性固形物含量 15.91%，可滴定酸含量 1.86%，总酚含量 37.72 mg/g。因此，热空气、茉莉酸甲酯协同处理是一种能缓解石榴冷害并保持果实品质的有效贮藏方法。②

王敏研究发现，适宜的热处理能够提高石榴籽粒 pH 值和可溶性固形物及可溶性蛋白含量，减轻石榴籽粒贮藏期间的质量损失，抑制石榴籽粒的抗氧化活性物质（总酚和花色苷）和抗氧化能力的下降，提高 SOD 活性，抑制霉菌酵母的生长繁殖，使石榴籽粒保持较好的感官品质，延缓石榴籽粒的衰老进程。综合分析，以 50 ℃、4 min 热处理效果最好。③

## 第七节　留树保鲜技术

留树保鲜技术是指将果实留在树上保鲜、延迟采收的方法，20 世纪 70 年代，我国将其在甜橙和红橘上进行试验并获得了成功，目前已在梨、苹果、葡萄、脐橙等水果上推广应用。石榴上市期集中、劳力不足、市场压力大，果价常常偏低，加上成熟期易遭遇连绵阴雨，裂果减产等现象时有发生，严重影响石榴产业的稳定发展，而过了 10 月上旬，石榴价格往往就有所回升。因此，采取留树保

① 樊爱萍，鲁丽香，刘卫．采后热处理对蒙自石榴贮藏品质的影响 [J]. 红河学院学报，2014, 12(5): 14−18.

② 张姣姣，郝晓磊，李喜宏，等．热空气协同茉莉酸甲酯处理对冷藏石榴冷害及果实品质的影响 [J]. 中国果树，2016(5): 29−33.

③ 王敏．鲜食石榴籽粒贮藏特性及保鲜技术研究 [D]. 咸阳：西北农林科技大学，2013.

鲜的方式，延长石榴鲜果上市时间，可以很大程度上缓减市场压力，提高栽培效益，切实提高果农收入。

### 一、果实套袋

留树保鲜栽培采用双层套袋方式。外层袋为白色纸袋，内层为可透气的聚乙烯薄膜袋。套袋前应喷雾多菌灵或甲基托布津 2 次进行杀菌。待最后一次杀菌药液干后，即进行套袋操作：先将内层袋套好，再套普通单层白色纸袋，从而在保护果实不受桔小实蝇危害的同时，有效抑制果实水分蒸腾，减缓光热传导，减少裂果。

### 二、延时采收

石榴成熟期在每年 9 月中下旬，采果时果实一般七八成熟，籽粒有明显松针纹，留树保鲜双层套袋处理后的果实一般于 10 月下旬成熟，较常规管理状态延时成熟约 1 个月。采收前 1 个星期左右去除外层纸袋，晾晒果实，使果实充分着色，摘果时将带聚乙烯内膜袋的果实摘下，入筐存放。

### 三、留树保鲜的作用

留树保鲜技术的作用主要有三个。一是能有效延缓果树成熟期，将石榴的成熟期延后到 10 月下旬至 11 月上中旬，极大地延长了鲜果出售期限；二是能增大石榴的平均单果重，平均增产 100 kg/667 $m^2$，果实糖度提高 1 度以上，提高了果实的商品性和售价，为增产增收提供了有效保障；三是能使秋梢的抽发量和长度均减少，使翌年果实品质提高；四是能使裂果减少，果实病斑少，果实外观鲜艳。

石榴还可以采用植物生长调节剂 GA3 进行留树保鲜，在石榴近成熟期，用浓度为 350 mg/L 的 GA3 涂抹石榴果实和果柄，石榴留树保鲜的效果好，可延迟 30 天上市。

## 第八节　复合贮藏技术

石榴保鲜技术发展至今，单一的保鲜方法已无法满足贮藏的需要，人们更加倾向于综合使用多种保鲜技术，以达到更好的保鲜效果。适宜的贮藏温度、气体成分、涂膜保鲜剂等因素组合可抑制石榴贮期果皮褐变，降低果实腐烂率，保持鲜果原有风味和品质，常见组合有低温 + 气调、涂膜 + 低温、杀菌剂 + 低温、涂膜 + 杀菌剂 + 低温、臭氧 + 气调、辐照 + 气调等。

例如，张润光等以陕西临潼净皮甜石榴为试材，通过正交试验确定了石榴复合贮藏保鲜技术的最优方法为石榴预冷后采用 pH=4.0 的 0.5% CMC 溶液涂膜，在温度 5.0 ℃ 和气体成分 $CO_2$ 5%、$O_2$ 8% 的条件下贮藏，贮期每隔 10 天换气 1 次，每隔 5 天在 15 ℃ 下升温处理 24 h，再置于 5.0 ℃ 下贮藏。如此循环处理，石榴可贮藏 120 天，籽粒总糖含量 13.6%，果皮褐变指数为 0.15，腐烂率仅为 2.2%，贮藏效果甚佳。① 朱慧波等将喀什甜石榴用质量分数为 4.5% 的噻苯咪唑粉剂（用量 5g/$m^3$）熏蒸 1.5 h，然后用厚度为 0.02 mm 的塑料袋单果包装，在温度（2 ± 1）℃、相对湿度 85% ～ 90% 的冷库中贮藏 120 天，商品果率达 90% 以上，贮后果皮色泽鲜艳，酸甜适口，具有较高的商品价值。② 杨宗渠等以 42% 噻菌灵悬浮剂 1 000 倍液浸果，而后以 1% 壳聚糖溶液涂膜，用 0.015 mm 聚乙烯保鲜袋单果包装后放入 6 ℃ 条件下贮藏 120 天，河阴石榴的腐烂率为 3.46%，质量损失率为 2.13%，褐变指数为 0.11，可溶性固形物含量为 14.5%，籽粒品质评分为 92，具有较高的商品价值。③在石榴冷藏以前，进行臭氧熏蒸、果实涂蜡（含有抑菌成分的液体果蜡），然后用保鲜袋包装，可以进一步减少病害。

随着科学技术的不断发展，人们所进行的研究也越来越深入与广泛，相信将来会有更多的保鲜贮藏技术不断地涌现出来。

---

① 张润光，张有林，邱绍明．石榴复合贮藏保鲜技术研究 [J]. 食品工业科技，2011, 32(3): 363−365.

② 朱慧波，张有林，宫文学，等．新疆喀什甜石榴采后生理与贮藏保鲜技术 [J]. 农业工程学报，2009, 25(12): 339−344.

③ 杨宗渠，李长看，曲金柱，等．河阴石榴的采后保鲜技术 [J]. 食品科学，2015, 36(18): 267−271.

# 参考文献


[1] 李庆鹏，郭芹，李述刚，等．石榴贮藏保鲜加工与综合利用 [M]. 北京：化学工业出版社，2019.

[2] 马齐，秦涛，王丽娥，等．石榴的营养成分及应用研究现状 [J]. 食品工业科技，2007(2): 237–238, 241.

[3] 布日古德，娜布其．简述石榴的药用及保健功效 [J]. 中国民族医药杂志，2014, 20(5): 66–68.

[4] 李婕姝，贾冬英，姚开，等．石榴的生物活性成分及其药理作用研究进展 [J]. 中国现代中药，2009, 11(9): 7–10.

[5] 杨丽平，杨永红．石榴皮的研究进展 [J]. 云南中医中药杂志，2004, 25(3): 45–47.

[6] 胡正梅，马清河．石榴的化学成分及药理活性研究进展 [J]. 新疆中医药，2015, 33(1): 74–77.

[7] 牛俊乐，黄斌，黄秋月．石榴皮中黄酮类化合物提取工艺优化及含量测定 [J]. 安徽农学通报，2017, 23(4): 74–75.

[8] 杨万政，周瑜，杨晓霞，等．石榴籽油脂的提取及脂肪酸组成研究 [J]. 内蒙古工业大学学报 ( 自然科学版 ), 2013, 32(2): 96–100.

[9] 苗利利，夏德水，高丽娜，等．水酶法提取石榴籽油脂肪酸组成与氧化稳定性分析 [J]. 天然产物研究与开发，2011, 23(6): 1156–1159.

[10] 刘俊英，李金玉．饮料加工技术 [M]. 北京：中国轻工业出版社，2010.

[11] 侯建平．饮料生产技术 [M]. 北京：科学出版社，2004.

[12] 田呈瑞，徐建国．软饮料工艺学 [M]. 北京：中国计量出版社，2005.

[13] 阮美娟，徐怀德．饮料工艺学 [M]. 北京：中国轻工业出版社，2013.

[14] 邵长富，赵晋府．软饮料工艺学 [M]. 北京：中国轻工业出版社，2005.

[15] 张国治．软饮料加工机械 [M]. 北京：化学工业出版社，2006.

[16] 孙宝国．食品添加剂 [M]. 北京：化学工业出版社，2013.

[17] 高彦祥．食品添加剂 [M]. 北京：中国轻工业出版社，2011.

[18] 叶兴乾 . 果品蔬菜加工工艺学 [M]. 北京 : 中国农业出版社 , 2009.
[19] 张克俊 . 果品贮藏与加工 [M]. 济南 : 山东科学技术出版社 , 1991.
[20] 罗云波 , 蔡同一 . 园艺产品贮藏加工学：加工篇 [M]. 北京 : 中国农业大学出版社 , 2001.
[21] 尹明安 . 果品蔬菜加工工艺学 [M]. 北京 : 化学工业出版社 , 2010.
[22] 张美勇 , 徐颖 . 石榴栽培与贮藏加工新技术 [M]. 北京 : 中国农业出版社 , 2005.
[23] 崔晓美 . 澄清石榴汁的研制 [D]. 无锡 : 江南大学 , 2007.
[24] 花旭斌 , 徐坤 , 李正涛 , 等 . 澄清石榴原汁的加工工艺探讨 [J]. 食品科技 , 2002(10): 44–45.
[25] 郭庆贺 , 兰雪萍 , 吕远平 . 浑浊型石榴汁饮料加工工艺研究 [J]. 食品科技 , 2014, 39(9): 118–122.
[26] 杨天英 , 逯家富 . 果酒生产技术 [M]. 北京 : 科学出版社 , 2004.
[27] 杜金华 , 金玉红 . 果酒生产技术 [M]. 北京 : 化学工业出版社 , 2010.
[28] 曾洁 , 李颖畅 . 果酒生产技术 [M]. 北京 : 中国轻工业出版社 , 2011.
[29] 张秀玲 , 谢凤英 . 果酒加工工艺学 [M]. 北京 : 化学工业出版社 , 2015.
[30] 刘月永 , 高红心 . 干型石榴酒的研制 [J]. 食品工业 , 2000(4): 23–24, 27.
[31] 田晓菊 . 石榴发酵酒加工工艺的研究 [D]. 西安 : 陕西师范大学 , 2007.
[32] 常景玲 , 邓小莉 , 王斌 , 等 . 石榴果酒酵母的分离及发酵工艺 [J]. 中国农学通报 , 2010, 26(20): 90–93.
[33] 吴连军 . 石榴酒发酵影响因子的研究 [D]. 泰安 : 山东农业大学 , 2007.
[34] 贺小贤 . 低度石榴酒的生产工艺流程 [J]. 农产品加工 ( 创新版 ), 2012(7): 41–42.
[35] 林巧 , 周淑英 , 孙小波 , 等 . 石榴白兰地发酵条件的控制研究 [J]. 江苏食品与发酵 , 2008(2): 11–13, 20.
[36] 毛海燕 , 陈祥贵 , 陈玲琳 , 等 . 石榴果醋酿造工艺研究 [J]. 中国调味品 , 2013, 38(8): 88–92.
[37] 邹礼根 , 赵芸 , 姜慧燕 , 等 . 农产品加工副产物综合利用技术 [M]. 杭州 : 浙江大学出版社 , 2013.
[38] 易美华 . 生物资源开发利用 [M]. 北京 : 中国轻工业出版社 , 2003.
[39] 张秀玲 . 果蔬采后生理与贮运学 [M]. 北京 : 化学工业出版社 , 2011.
[40] 刘会珍 , 刘桂芹 . 果蔬贮藏与加工技术 [M]. 北京 : 中国农业科学技术出版社 ,

2015.
[41] 冯双庆，赵玉梅．水果蔬菜保鲜实用技术 [M]. 2 版．北京：化学工业出版社，2004.
[42] 石太渊，史书强．绿色果蔬贮藏保鲜与加工技术 [M]. 沈阳：辽宁科学技术出版社，2015.
[43] 刘兴华，寇莉苹．果菜瓜贮藏保鲜：北方本 [M]. 北京：中国农业出版社，2000.
[44] 江苏省畜牧兽医学校．果蔬贮藏保鲜加工大全 [M]. 北京：中国农业出版社，1996.
[45] 周山涛．果蔬贮运学 [M]. 北京：化学工业出版社，1998.
[46] 马惠玲，张存莉．果品贮藏与加工技术 [M]. 北京：中国轻工业出版社，2012.
[47] 李喜宏，陈丽．实用果蔬保鲜技术 [M]. 北京：科学技术文献出版社，2001.
[48] 赵晨霞．果蔬贮藏加工技术 [M]. 北京：科学出版社，2004.
[49] 刘升，冯双庆．果蔬预冷贮藏保鲜技术 [M]. 北京：科学技术文献出版社，2001.
[50] 祝战斌．果蔬贮藏与加工技术 [M]. 北京：科学出版社，2010.
[51] 王旭琳，张润光，吴倩，等．石榴采后病害及贮藏保鲜技术研究进展 [J]. 食品工业科技，2016, 37(2): 389–393.
[52] 张桂，李敏．石榴保鲜技术的研究 [J]. 食品科技，2007(6): 233–235.
[53] 罗金山．石榴冷害与病害生理及调控技术研究 [D]. 天津：天津科技大学，2015.
[54] 刘兴华，胡青霞，寇莉苹，等．石榴采后果皮褐变的生化特性研究 [J]. 西北林学院学报，1998(4): 21–24, 29.
[55] 胡青霞，张丽婷，李洪涛，等．石榴果实贮期生理变化与采后保鲜技术研究进展 [J]. 河南农业科学，2014, 43(3): 5–11.
[56] 张立华．石榴果皮褐变的生理基础及控制的研究 [D]. 泰安：山东农业大学，2006.
[57] 王敏．鲜食石榴籽粒贮藏特性及保鲜技术研究 [D]. 咸阳：西北农林科技大学，2013.
[58] 高海生．石榴的采收与贮藏保鲜技术 [J]. 特种经济动植物，2002(1): 44.
[59] 赵恩诚．石榴贮藏四法 [J]. 农家之友，2011(8): 27.
[60] 叶松枝，赵增强．沼气保鲜石榴技术 [J]. 河南农业，2002(2): 30.
[61] 胡云峰，李喜宏，关文强．石榴低温气调保鲜技术 [J]. 果农之友，2003(1): 40.

[62] 翟金霞，王伟，李喜宏，等．石榴自发气调保鲜技术研究 [J]. 食品科技，2013, 38(10): 43–45, 50.

[63] 解成骏．大有作为的果蔬保鲜涂膜技术 [J]. 农产品加工，2013(9): 36–37.

[64] 王留留，杨红，朱琳．果蔬采后涂膜保鲜技术的研究 [J]. 科学与财富，2013(10): 320–322.

[65] 高俊花，朱慧波，张润光，等．壳聚糖涂膜新疆喀什甜石榴贮藏技术研究 [J]. 食品工业，2011, 32(10): 67–69.

[66] 张润光，田呈瑞，张有林．复合保鲜剂涂膜对石榴果实采后生理、贮藏品质及贮期病害的影响 [J]. 中国农业科学，2016, 49(6): 1173–1186.

[67] 张润光，张有林，田呈瑞，等．不同 pH 值 CMC 涂膜对石榴果实采后生理指标及贮藏品质的影响 [J]. 食品与发酵工业，2011, 37(7): 225–229.

[68] 张润光，张有林，张志国．三种涂膜保鲜剂对石榴果实贮期品质的影响 [J]. 食品工业科技，2008, 29(1): 261–264.

[69] 郭亚力，张丽，郭俊明，等．四种天然多糖涂膜剂石榴保鲜研究 [J]. 食品科技，2005(8): 85–87.

[70] 付娟妮，刘兴华，蔡福带，等．石榴贮藏期腐烂病害药剂防治试验 [J]. 中国果树，2005(4): 31–33.

[71] 高俊花，张润光，张有林．1–MCP 处理对新疆石榴贮藏品质的影响 [J]. 农产品加工 ( 学刊 ), 2011(10): 80–83.

[72] 郭彩琴，惠伟，王晶，等．1–MCP 对净皮甜石榴的冷藏保鲜效果 [J]. 食品工业科技，2012, 33(3): 348–351, 383.

[73] 胡伟，代薇，杨宇梅，等．石榴皮对幽门螺杆菌的体外抑菌实验研究 [J]. 现代消化及介入诊疗，2006, 11(1): 6–8.

[74] AVIRAM M, DORNFELD L . Pomegranate juice consumption inhibits serum angiotensin converting enzyme activity and reduces systolic blood[J]. Atherosclerosis, 2001, 158(1): 195–198.

[75] FUHRMAN B, VOLKOVA N, AVIRAM M . Pomegranate juice inhibits oxidized LDL uptake and cholesterol biosynthesis in macrophages[J]. The Journal of Nutritional Blochemistry, 2005, 16(9): 570–576.

[76] NIGRIS F D, WILLIAMS–LGNARRO S, BOTTI C, et al. Pomegranate juice reduces oxidized low–density lipoprotein down–regulation of endothelial nitric oxide synthase in human coronary endothelial cells[J]. Nitric Oxide, 2006, 15(3):

259–263.

[77] POYRAZOGLU E, GOKMEN V, ARTUK N. Organic acids and phenolic compounds in pomegranate (Punica granatum L.) grownin turkey[J]. Journal of Food Composition and Analysis, 2002, 15(5): 567–575.

[78] HALVORSEN B L, HOLTE K, MYHRSTAD M C W, et al. A systematic screening of total antioxidants in dietary plants[J]. Journal of Nutrition, 2002(132): 461–471.

[79] KAWAII S, LANSKY E P. Differentiation–promoting activity of pomegranate (Punica granatum) fruit extracts in HL–60 human promyelocytic leukemia cells[J]. Journal of Medicinal Food, 2004, 7(1): 13–18.

[80] ROSENBLAT M, HAYEK T, AVIRAM M. Anti–oxidative effects of pomegranate juice (PJ) consumption by diabetic patients on serum and on macrophages[J]. Atherosclerosis, 2006, 187 (2): 363–371.

[81] ASLAM M N, LANSKY E P, VARANI J. Pomegranale as a cosmeceutical source: pomegranate fractions promote proliferation and procollagen synthesis and inhibit matrix metalloproteinase–1 production in human skin cells[J]. Journal of Ethnopharmacology, 2006, 103(3): 311–318.

[82] 石亚中，伍亚华，许晖，等 . 低糖保健型怀远石榴汁的加工及其感官评价 [J]. 食品工业科技，2013, 34(1): 210–212.

[83] 樊丹敏，兰玉倩，吕俊梅，等 . 石榴果汁加工工艺研究 [J]. 食品工业，2014, 35(7): 102–105.

[84] 覃宇悦，孙莎，程春生，等 . 玫瑰花石榴汁复合饮料加工工艺 [J]. 食品与发酵工业，2012, 38(3): 173–175.

[85] 袁铭，王慧慧，伍亚华，等 . 红枣石榴汁复合保健饮料制作及其感官评价 [J]. 农产品加工，2018(12): 6–8, 13.

[86] 高世霞 . 石榴果汁菊花茶饮料的研制 [J]. 饮料工业，2009, 12(4): 22–24.

[87] 陕西师范大学 . 石榴杏仁复合蛋白饮料及其制备方法：CN200610041755.1[P]. 2006–07–26.

[88] 李月 . 石榴杏仁复合蛋白饮料的加工工艺研究 [D] 西安：陕西师范大学，2009.

[89] 刘素果，任琪，温媛媛，等 . 石榴果皮总黄酮的提取工艺 [J]. 经济林研究，2010, 28(3): 62–68.

[90] 梁珍，涂宝娟，木本荣，等．常温浸提超声辅助石榴皮总黄酮的工艺优化 [J]. 药物化学，2020, 8(2): 21–28.

[91] 翟文俊，岳红．超微粉碎辅助提取石榴籽油的研究 [J]. 食品科技，2009, 34(4): 164–166.

[92] 赵文英，崔波，朱政，等．提取方法对石榴籽油提取率及抗氧化活性的影响 [J]. 中国林副特产，2010(4): 4–6.

[93] EIKANI M H, GOLMOHAMMADA F, HOMAMI S S. Extraction of pomegranate (Punica granatum L.) seed oil using super-heated hexane[J]. Food and Bioproducts Processing, 2012, 90(1): 32–36.

[94] 李文敏，敖明章，余龙江，等．石榴籽油的微波提取和体外抗氧化作用研究 [J]. 天然产物研究与开发，2006(3): 377, 378–380.

[95] 朱丽莉，童军茂，李疆，等．微波辅助有机溶剂提取石榴籽油工艺的研究 [J]. 中国油脂，2010, 35(4): 11–13.

[96] 杨兆艳，白宏伟，王璇．石榴籽油提取工艺的研究 [J]. 中国油脂，2010, 35(2): 18–20.

[97] 高振鹏，岳田利，袁亚宏，等．超声波强化有机溶剂提取石榴籽油的工艺优化 [J]. 农业机械学报，2008(5)：77–80.

[98] 苗利利，邓红，仇农学．石榴籽油的超声辅助提取工艺及 GC–MS 分析 [J]. 食品工业科技，2008(5): 226–228, 231.

[99] 张立华，张元湖，刘静，等．石榴籽油超声波辅助萃取工艺研究 [J]. 中国粮油学报，2009, 24(4): 82–86.

[100] 焦静，郭康权，贾小辉，等．超临界二氧化碳萃取石榴籽油的研究 [J]. 食品科技，2007(1): 199–202.

[101] 苗利利，夏德水，高丽娜，等．水酶法提取石榴籽油工艺研究 [J]. 食品工业科技，2010, 31(12): 265–268, 271.

[102] 雷鸣，何瑛，张有林．石榴果皮褐变的生化机制研究 [J]. 陕西农业科学，2011, 57(5): 36–40.

[103] 张有林，张润光．石榴贮期果皮褐变机理的研究 [J]. 中国农业科学，2007(3): 573–581.

[104] 付娟妮，刘兴华，蔡福带，等．石榴采后腐烂病病原菌的分子鉴定 [J]. 园艺学报，2007(4): 877–882.

[105] 张润光．石榴贮期生理变化及保鲜技术研究 [D]. 西安：陕西师范大学，2006.

[106] 赵迎丽，李建华，施俊凤，等. 气调对石榴采后果皮褐变及贮藏品质的影响 [J]. 中国农学通报，2011, 27(23): 109–113.

[107] 玛尔哈巴 · 吾斯曼，李学文，车凤斌，等. 涂膜处理对新疆石榴贮藏品质及生理的影响 [J]. 新疆农业科学，2011, 48(6): 1033–1037.

[108] 董文明，焦凌梅，董坤. 蜂胶 / 魔芋涂膜酸石榴保鲜技术研究 [J]. 食品科技，2006(12): 154–157.

[109] 张润光，张有林，田呈瑞，等. 减压处理对石榴采后某些生理指标及果实品质的影响 [J]. 陕西师范大学学报（自然科学版），2012, 40(4): 94–97, 103.

[110] 姚昕，秦文. ε－聚赖氨酸和臭氧处理对石榴果实贮藏品质影响的多变量分析 [J]. 食品与发酵工业，2017, 43(8): 254–261.

[111] 杨雪梅，冯立娟，尹燕雷，等. 紫外及微波处理对鲜切石榴籽粒保鲜品质的影响 [J]. 食品科学，2016, 37(8): 260–265.

[112] 周锐，李剑伟，张有顺. 蒙自甜石榴保鲜技术初探 [J]. 保鲜与加工，2004(5): 32.

[113] 殷瑞贞，崔璞玉. 优质鲜石榴贮藏试验 [J]. 河北果树，2004(1): 13.

[114] 付娟妮. 石榴腐烂病害综合防治技术研究及病原菌的分离鉴定 [D]. 咸阳：西北农林科技大学，2005.

[115] 王琼，初丽君，王敏，等. 热水处理对鲜切石榴籽粒贮藏品质、抗氧化能力及微生物变化的影响 [J]. 北方园艺，2016(1): 106–110.

[116] 樊爱萍，鲁丽香，刘卫. 采后热处理对蒙自石榴贮藏品质的影响 [J]. 红河学院学报，2014, 12(5): 14–18.

[117] 张姣姣，郝晓磊，李喜宏，等. 热空气协同茉莉酸甲酯处理对冷藏石榴冷害及果实品质的影响 [J]. 中国果树，2016(5): 29–33.

[118] 张润光，张有林，邱绍明. 石榴复合贮藏保鲜技术研究 [J]. 食品工业科技，2011, 32(3): 363–365.

[119] 朱慧波，张有林，宫文学，等. 新疆喀什甜石榴采后生理与贮藏保鲜技术 [J]. 农业工程学报，2009, 25(12): 339–344.

[120] 杨宗渠，李长看，曲金柱，等. 河阴石榴的采后保鲜技术 [J]. 食品科学，2015, 36(18): 267–271.